G. T. N. Veerendra
Subhashish Dey

SÍNTESE DE BIOSSORVENTE DE RESÍDUOS FLORAIS PARA TRATAMENTO DE RESÍDUOS INDUSTRIAIS

G. T. N. Veerendra
Subhashish Dey

SÍNTESE DE BIOSSORVENTE DE RESÍDUOS FLORAIS PARA TRATAMENTO DE RESÍDUOS INDUSTRIAIS

ScienciaScripts

Imprint

Cover image: www.ingimage.com

This book is a translation from the original published under ISBN 978-620-7-65028-6.

Publisher:
Sciencia Scripts
is a trademark of
Dodo Books Indian Ocean Ltd. and OmniScriptum S.R.L publishing group

120 High Road, East Finchley, London, N2 9ED, United Kingdom
Str. Armeneasca 28/1, office 1, Chisinau MD-2012, Republic of Moldova, Europe
Printed at: see last page
ISBN: 978-620-7-71554-1

RECONHECIMENTO

Com um profundo sentido de gratidão, agradecemos sinceramente ao **Dr. G.T.N. VEERENDRA**, Professor Assistente, pelo seu apoio, sugestões, empenho e dedicação ao longo de todo o projeto. Os seus cuidados incondicionais, a sua supervisão meticulosa, a sua interpretação brilhante e a sua sabedoria alegre deram-nos a inspiração necessária. Ficamos-lhe gratos pelo extraordinário cuidado e preocupação que nos dispensou.

É com grande satisfação que estendo a minha sincera gratidão ao **Dr. A. SREENIVASULU**, diretor do departamento de engenharia civil, pelo seu encorajamento durante todo o estágio. As suas anotações e críticas estão na origem da conclusão bem sucedida do projeto. Gostaríamos de aproveitar a oportunidade para expressar o meu profundo sentimento de gratidão ao nosso diretor **Dr. G.V.S.**
N.R.V. Prasad por ter proporcionado todas as facilidades necessárias.

Os nossos sinceros agradecimentos ao **Dr. SRK Reddy**, professor do departamento de engenharia civil e conselheiro da direção, pelo seu valioso apoio e sugestões que muito contribuíram para o bom desempenho do relatório.

Por último, gostaríamos de agradecer a todos os que, direta ou indiretamente, me ajudaram a concluir o nosso relatório.

ÍNDICE

RESUMO

A crescente procura global de estratégias de gestão sustentável da água levou à exploração de abordagens inovadoras para o tratamento de águas residuais. Este projeto apresenta um sistema abrangente de filtração em quatro fases, aproveitando diversos materiais para melhorar a qualidade das águas residuais provenientes da Fábrica de Açúcar Vuyyuru. O estudo engloba uma série de fases distintas, cada uma contribuindo de forma única para o objetivo global de remoção eficiente de poluentes.

Antes de iniciar o projeto, foi realizada uma extensa série de testes de água na amostra recolhida da **Fábrica de Açúcar Vuyyuru** e dos **Laboratórios INCHEM Pvt.LTD**. Estes testes pré-projeto tinham como objetivo caraterizar a qualidade inicial da água, identificando os principais poluentes e parâmetros. Os resultados serviram de base para avaliar a eficácia das fases de filtração subsequentes.

Na Fase 1, as águas residuais são submetidas a uma filtração utilizando vários tamanhos de agregados grossos e finos num tanque de filtração com uma capacidade superior a 100 litros. A experiência utiliza métodos padronizados para avaliar o impacto do tamanho do agregado na remoção de sólidos suspensos e outras partículas.

A fase 2 introduz uma camada de carvão ativado no fluxo de água, implementando condições controladas para avaliar as suas capacidades de adsorção e a sua influência na qualidade da água. Os poluentes específicos visados nesta fase incluem compostos orgânicos e potenciais toxinas.

Passando para a Fase 3, o foco muda para a esterilização utilizando biossorventes derivados de pó de cascas de flores e frutas. A água é submetida a repetidos repatriamentos, misturada com uma solução de cascas de frutos e flores, agitada com a ajuda de um ventilador com motor elétrico. Estes biossorventes são escolhidos pela sua composição natural e pela sua potencial eficácia no combate aos contaminantes microbianos. Experiências controladas avaliam a eficácia dos biossorventes na redução das cargas bacterianas e virais, contribuindo significativamente para a purificação global da água tratada. Esta fase está alinhada com o objetivo mais amplo de obter água microbiologicamente segura.

Após a conclusão do processo de filtração, é efectuada uma segunda série de testes à água filtrada. Estes testes pós-projeto visam avaliar a eficiência do sistema de filtragem e quantificar a redução de poluentes conseguida através da abordagem em várias fases. Os resultados dos testes de água pré-projeto e pós-projeto são então comparados, fornecendo uma avaliação abrangente do impacto do projeto na qualidade da água.

O projeto culmina na Fase 4, em que os resultados de cada fase são reunidos para avaliar o desempenho global do sistema. Os dados recolhidos ao longo das experiências são submetidos a uma análise rigorosa e é apresentado um relatório exaustivo. Esta abordagem em várias fases, integrando diversos materiais e técnicas de filtração, tem como objetivo contribuir significativamente para o desenvolvimento de estratégias sustentáveis e eficazes de tratamento de águas residuais. Ao abordar tanto as partículas como os contaminantes microbianos nas águas residuais da Fábrica de Açúcar Vuyyuru, o projeto sublinha a importância de uma melhoria holística da qualidade da água para um futuro mais consciente do ambiente e da saúde.

CAPÍTULO 1

INTRODUÇÃO

1.1. TRATAMENTO DA ÁGUA:

A água é um dos recursos mais importantes que se encontra em cerca de 75% da crosta terrestre. A água tornou-se um produto importante para o desenvolvimento humano programado e a sua caraterística está em perigo devido à contaminação. A qualidade da água altera-se com as variações sazonais. Estas mudanças sazonais podem ter impactos positivos e prejudiciais na qualidade da água. As diferentes estações do ano têm diversas variações de temperatura que lhes são atribuídas. Juntamente com a temperatura, todos os outros parâmetros físicos e químicos da água flutuam com a variação das estações. A monitorização da qualidade da água é essencial para a segurança ambiental. O exame da qualidade da água e a medição dos parâmetros físico-químicos são importantes para conservar e defender o ecossistema natural. A análise de vários parâmetros de qualidade da água ajuda a compreender as medidas metabólicas do sistema aquático. Certos parâmetros como a dureza, os nitratos, os sulfatos, os cloretos, o amónio, os fosfatos, o ferro e o flúor são necessários para compreender a presença e a distribuição da flora e da fauna ao longo do tempo.

As características da qualidade da água oferecem a base para a análise da adequação da água a diferentes utilizações e melhoram as condições actuais. Para um maior desenvolvimento e análise da qualidade da água para mais utilizações, é necessário investigar os parâmetros físico-químicos. Nos vários recursos de água doce, os rios são as principais linhas de vida da nossa sociedade, a economia e a contaminação rigorosa da água é progressivamente mais formação do que morte. A poluição de quaisquer recursos hídricos, como rios, lagoas e lagos, afecta inicialmente a sua qualidade química e destrói progressivamente a comunidade, perturbando a delicada teia alimentar. Na Índia, 70% da água atual está contaminada. A principal causa de contaminação é reconhecida, uma vez que os esgotos contêm 84-92% das águas residuais. As águas industriais poluídas contêm 8-16%. Os esgotos domésticos que são descarregados das casas produzem várias doenças transmitidas pela água, como a febre tifoide, a cólera, a disenteria e a poliomielite, afectando assim a saúde humana e deteriorando a qualidade da água. Os rios são considerados como ecossistemas de água doce essenciais e importantes para o abastecimento de toda a vida. No entanto, todos os corpos de água sazonais secaram completamente na divisão de encerramento do SWMS, pelo que o fornecimento de água para irrigação se torna uma questão importante.

Em contrapartida, os produtos de flores secas são duradouros e mantêm o seu valor estético independentemente da estação do ano. A secagem de flores é uma prática extremamente antiga. Historicamente, os botânicos utilizavam flores preservadas sob a forma de um herbário para identificar diferentes espécies. No livro "The Florist", publicado em 1860, o autor explica como secar rosas, amores-perfeitos, calêndulas e outras flores solitárias na areia. A dessecação comercial das flores foi efectuada pela primeira vez na Alemanha, apesar de a cura das flores ser uma prática antiga. Os produtos ornamentais secos e conservados oferecem uma variedade de qualidades, incluindo novidade, durabilidade, qualidades estéticas, adaptabilidade e disponibilidade durante todo o ano. As porções de plantas secas são normalmente menos dispendiosas e valorizadas pela sua durabilidade e atrativo estético. Em comparação com outras áreas da floricultura, foram realizadas muito poucas iniciativas de investigação e desenvolvimento no sector da conservação de flores em todo o mundo. Os vários investigadores descreveram várias técnicas de desidratação de flores e outras partes de plantas ornamentais. A secagem de flores e folhagens através de várias técnicas, como a secagem ao ar, a secagem ao sol, a secagem em fornos e micro-ondas, a secagem por congelação e a secagem em estufa, pode ser utilizada para criar uma variedade de objectos decorativos florais, como cartões, segmentos florais, tapeçarias de parede, capas de terras, calendários, potpourris, etc. Só na Índia, a indústria de flores secas vale 550 milhões de rupias, constituindo o potpourri o maior segmento. As flores secas são um bom recurso para os floristas, uma vez que podem ser criados desenhos durante os períodos de abrandamento, os arranjos podem ser exibidos quando as flores frescas não são adequadas do ponto de vista do produtor e o custo é inferior ao das flores frescas equivalentes. Na última década, a procura de flores secas e de partes de plantas apelativas, de arranjos florais secos e de artesanato floral disparou. No recente comércio de floricultura, as exportações da Índia aumentaram de 2660 milhões de rupias em 2002-2003 para 2730 milhões de rupias em 2004-2005, o que representa uma taxa de crescimento de 2,66%. 71% das exportações da Índia consistem em flores secas, que são expedidas para os Estados Unidos, a Europa, o Japão, a Austrália e o Extremo Oriente. As flores secas representam mais de dois terços de todas as exportações da floricultura. A procura de flores secas está a aumentar a uma taxa impressionante de 8-10 % por ano, proporcionando assim aos empresários indianos numerosas oportunidades de entrar no comércio mundial de flores. A variedade de flores dessecadas e outras partes atraentes de plantas, como raízes, flores, flores, inflorescências, cones, sementes, folhagem, brácteas, espinhos, cascas, líquenes, fungos carnudos, etc., é bastante extensa (Mohan et al., 2014, Cay et al., 2004).

Várias flores e folhagens respondem bem à secagem, incluindo a anémona, a zínia, os alliums, o William doce, o cravo, o stock, a frésia, o narciso, o crisântemo, o amor-perfeito, os narcisos, a calêndula, a rosa, os lírios, etc. As partes vegetais desidratadas podem ser dispostas esteticamente e cobertas com plástico ou vidro transparente para as proteger da humidade atmosférica, do vento e do pólen. A incorporação de flores secas em blocos ou folhas transparentes permite criar objectos para venda, tais como pesos de papel, pingentes e tampos de mesa. Por conseguinte, as flores dessecadas têm uma vantagem sobre as flores cortadas, que são normalmente utilizadas para decorar casas e escritórios, porque podem permanecer decorativas durante longos períodos de tempo com menos cuidados. Os vários produtos, tais como medicamentos, desinfectantes, detergentes para a roupa, tintas, tensioactivos, pesticidas, pigmentos, conservantes, produtos de higiene pessoal e aditivos alimentares, foram descobertos como perigosos tanto para os seres humanos como para o ambiente no século XX. Diversas indústrias, como as unidades de produção de combustíveis, as centrais de energia atómica, a indústria de galvanoplastia e de fertilizantes, a indústria do couro e do fabrico de electrodomésticos e as empresas de ferro, geram enormes resíduos que contêm grandes quantidades de metais pesados tóxicos, que são depois libertados no ambiente, causando desequilíbrios ecológicos. Os poluentes e a matéria orgânica em decomposição presentes nas águas residuais consomem o oxigénio dissolvido, enquanto o excesso de nutrientes, como o fósforo e o azoto, provoca a eutrofização, que promove o crescimento excessivo das plantas e esgota o fornecimento de oxigénio às massas de água. Além disso, bactérias, vírus e agentes patogénicos causadores de doenças poluem as praias e contaminam as populações de moluscos, resultando em restrições à recreação humana e ao consumo de água potável. Os processos dependentes e independentes do metabolismo também podem resultar na deposição de grandes quantidades de metais e induzir o stress oxidativo, desencadeando a resposta dos radicais livres (Das et al., 2008, Kalyani et al., 2004).

Utilização de flores e cascas:

Em contrapartida, os produtos de flores secas são duradouros e mantêm o seu valor estético independentemente da estação do ano. A secagem de flores é uma prática extremamente antiga. Historicamente, os botânicos utilizavam flores preservadas sob a forma de um herbário para identificar diferentes espécies. No livro "The Florist", publicado em 1860, o autor explica como secar rosas, amores-perfeitos, caldos e outras flores solitárias na areia. A secagem de flores e folhagens através de várias técnicas, como a secagem ao ar, ao sol, no forno e no micro-ondas, por congelação e por incorporação, pode ser utilizada para criar uma variedade de objectos decorativos florais, como cartões, segmentos florais, tapeçarias de parede, capas de terras, calendários, potpourris, etc. Só na Índia, a indústria de flores secas vale 550 milhões de rupias, constituindo o potpourri o maior segmento. As flores secas são um bom recurso para os floristas, uma vez que podem ser criados desenhos durante os períodos de abrandamento, os arranjos podem ser exibidos quando as flores frescas não são adequadas do ponto de vista do produtor e o custo é inferior ao das flores frescas equivalentes.

Tratamento de filtração:

O nosso estilo de vida moderno dá-nos o luxo de utilizar vários produtos para tornar a nossa vida mais confortável e fácil, mas isso tem um preço. Um biproduto comum do nosso estilo de vida atual são as águas residuais, que podem ter a forma de água que escorre do chuveiro ou de escoamento de estradas molhadas. Estas águas residuais são impróprias para consumo ou utilização humana.

Felizmente, podemos tornar as águas residuais potáveis e utilizáveis, recorrendo a tecnologias de tratamento de **águas resid**uais que as filtram e tratam, removendo contaminantes como os esgotos e os produtos químicos.

Quatro formas comuns de tratar as águas residuais incluem o tratamento físico da água, o tratamento biológico da água, o tratamento químico e o tratamento das lamas. Vamos conhecer estes processos em pormenor.

Tratamento físico da água:

Nesta fase, são utilizados métodos físicos para limpar as águas residuais. Processos como a crivagem, a sedimentação e a desnatação são utilizados para remover os sólidos. Não são utilizados produtos químicos neste processo.

Uma das principais técnicas de tratamento físico das águas residuais inclui a sedimentação, que é um processo de suspensão das partículas insolúveis/pesadas das águas residuais. Quando o material insolúvel se deposita no fundo, é possível separar a água pura.

Outra técnica eficaz de tratamento físico da água é a aeração. Este processo consiste na circulação de ar através da água para lhe fornecer oxigénio. A filtração, o terceiro método, é utilizada para filtrar todos os contaminantes. Pode utilizar um tipo especial de filtros para fazer passar as águas residuais e separar os contaminantes e as partículas insolúveis presentes nas mesmas. O filtro de areia é o filtro mais utilizado. A gordura que se encontra na superfície de algumas águas residuais também pode ser facilmente removida através deste método.

Tratamento biológico da água

Utiliza vários processos biológicos para decompor a matéria orgânica presente nas águas residuais, como o sabão, os dejectos humanos, os óleos e os alimentos. No tratamento biológico, os microrganismos metabolizam a matéria orgânica presente nas águas residuais. Pode ser dividido em três categorias:

- Processos aeróbicos: As bactérias decompõem a matéria orgânica e convertem-na em dióxido de carbono que pode ser utilizado pelas plantas. O oxigénio é utilizado neste processo.
- Processos anaeróbios: Aqui, a fermentação é utilizada para fermentar os resíduos a uma temperatura específica. O oxigénio não é utilizado no processo anaeróbio.
- Compostagem: Um tipo de processo aeróbio em que as águas residuais são tratadas misturando-as com serradura ou outras fontes de carbono.

O tratamento secundário remove a maior parte dos sólidos presentes nas águas residuais, no entanto, alguns nutrientes dissolvidos, como o azoto e o fósforo, podem permanecer.

Tratamento químico da água

Como o nome sugere, este tratamento envolve a utilização de produtos químicos na água. O cloro, um químico oxidante, é normalmente utilizado para matar as bactérias que decompõem a água, adicionando-lhe contaminantes. Outro agente oxidante utilizado para purificar as águas residuais é o ozono.

A neutralização é uma técnica em que se adiciona um ácido ou uma base para levar a água ao seu pH natural de 7. Os produtos químicos impedem que as bactérias se reproduzam na água, tornando-a assim pura.

Tratamento de lamas

Trata-se de um processo de separação sólido-líquido em que é necessária a menor humidade residual possível na fase sólida e os menores resíduos de partículas sólidas possíveis na fase líquida separada.

Um exemplo disto é a desidratação de lamas de águas residuais industriais ou de estações de tratamento de águas residuais, em que a humidade residual nos sólidos desidratados determina os custos de eliminação e a qualidade do centrado determina a carga poluente devolvida à instalação de tratamento. É necessário minimizar ambos.

Um dispositivo de separação sólido-líquido, como uma centrífuga, é utilizado para remover os sólidos das águas residuais.

As águas residuais têm um grande impacto no mundo natural e é importante tratá-las eficazmente. Ao tratar as águas residuais, não só se salvam as criaturas que nelas vivem, como também se protege o planeta como um todo.

Jigar Patel, Diretor de Desenvolvimento Comercial da Oriental Manufacturers, é um empresário jovem e apaixonado que acredita no poder dos designs funcionais e na sua capacidade de aumentar a produtividade e impulsionar o crescimento. Alimentado pela sua paixão por designs inovadores e por tudo o que é EPC, Jigar começou a escrever em blogues e escreve regularmente sobre tópicos relacionados com a produção de maquinaria de processo, soluções chave-na-mão, melhores práticas da indústria e as suas ideias pessoais.

Fases do tratamento:

Tratamento primário:

O tratamento primário remove os materiais que podem ser facilmente recolhidos das águas residuais brutas e eliminados. Os materiais típicos que são removidos durante o tratamento primário incluem gorduras, óleos e graxas (também referidos como FOG), areia, cascalho e rochas, grandes sólidos sedimentáveis e materiais flutuantes (tais como trapos e produtos de higiene feminina lavados). Esta etapa é efectuada inteiramente com máquinas. Muitas estações têm uma fase de sedimentação em que as águas residuais passam lentamente por grandes tanques, normalmente designados por "clarificadores primários" ou "tanques de sedimentação primários". Os tanques são suficientemente grandes para que as lamas possam assentar e as matérias flutuantes, como gorduras e óleos, possam subir à superfície e ser removidas com uma escumadeira. O principal objetivo da fase de clarificação primária é produzir um líquido geralmente homogéneo capaz de ser tratado biologicamente e uma lama que possa ser tratada ou processada separadamente. Os tanques de decantação primária estão normalmente equipados com raspadores de acionamento mecânico que conduzem continuamente as lamas recolhidas para uma tremonha na base do tanque, a partir da qual podem ser bombeadas para outras fases de tratamento das lamas.

Tratamento secundário:

O tratamento secundário é concebido para degradar substancialmente o conteúdo biológico das águas residuais, tais como os derivados de dejectos humanos, resíduos alimentares, sabões e detergentes. A maioria das estações municipais e industriais trata o licor de esgoto sedimentado utilizando processos biológicos aeróbicos. Para que este processo seja eficaz, a biota necessita de oxigénio e de um substrato para viver. Existem várias formas de o fazer. Em todos estes métodos, as bactérias e os protozoários consomem os contaminantes orgânicos solúveis biodegradáveis e aglutinam grande parte das fracções menos solúveis em flocos. Os sistemas de tratamento secundário são classificados como de película fixa ou de crescimento suspenso. O processo de tratamento de película fixa inclui filtros de gotejamento e contactores biológicos rotativos em que a biomassa cresce nos meios e as águas residuais passam sobre a sua superfície. Nos sistemas de crescimento suspenso, como as lamas activadas, a biomassa está bem misturada com as águas residuais e pode funcionar num espaço mais pequeno do que os sistemas de película fixa que tratam a mesma quantidade de água. No entanto, os sistemas de película fixa são mais capazes de lidar com mudanças drásticas na quantidade de material biológico e podem fornecer taxas de remoção mais elevadas de material orgânico e sólidos suspensos do que os sistemas de crescimento suspenso.

TerciárioTratamento:

O tratamento terciário proporciona uma fase final para elevar a qualidade do efluente antes de ser descarregado no meio recetor (mar, rio, lago, solo, etc.). Em qualquer estação de tratamento pode ser utilizado mais do que um processo de tratamento terciário. Se for praticada a desinfeção, esta é sempre o processo final. É também designado por "polimento de efluentes".

MATERIAL INORGÂNICO:

Os inorgânicos podem incluir uma combinação de metais, sais, compostos, partículas e complexos minerais que não contêm carbono; os compostos de carbono são orgânicos. Os contaminantes inorgânicos incluem elementos ou compostos naturais ou produzidos pelo homem que podem contaminar a água ou concentrar-se no ciclo da água. A água não é H_20 puro; alguns dos contaminantes ou condições mais comuns incluem dióxido de carbono e outros gases, sais como Cloreto, Sódio, Carbonato, Alcalinidade, Cálcio, Potássio, Ferro e Manganês. Na sua maioria, os contaminantes inorgânicos criam problemas estéticos, tais como: um sabor salgado ou amargo, descoloração ou mesmo incrustações/corrosão química. Existem alguns metais e elementos vestigiais que são tóxicos.

FONTES:

Existem vários métodos para remover diferentes contaminantes da água. Seguem-se alguns métodos comuns e os contaminantes a que se destinam:

- **Cloretos**: A osmose inversa, a destilação, a permuta iónica e a filtração com alumina activada podem ser eficazes na remoção de cloretos da água.

Quadro 1.1

A gama de teores de cloretos nas águas residuais descarregadas por determinadas indústrias.

Indústrias	Origem das águas residuais	Teor de cloreto Cl^-, mg/L	Mediana Cl
Fábrica metalúrgica	As fundições de ferro lavam as	100.0-600.0	350.0

	águas residuais		
Fábrica metalúrgica	Esgotos da produção de nylon	475.0-3340.0	1907.5
Indústria petroquímica	Esgoto de borracha sintética	2670.0-2800.0	2735.0
Indústria petroquímica	Esgoto de butadieno	1277.0-1350.0	1313.5
Indústria petroquímica	Esgotos de borracha de etileno-propileno	361.0-602.0	481.5
Impressão e tingimento moinho	Vapor de esgoto	103.3-168.1	135.7
Curtume	Águas residuais para remoção de cinzas	1700.0	-

- **Sulfatos: A** osmose inversa, a destilação e a permuta iónica são normalmente utilizadas para remover sulfatos da água.
- **Nitratos**: A osmose inversa, a permuta iónica e a desnitrificação biológica são métodos eficazes para remover os nitratos da água.

Quadro 1.2: Propriedades físico-químicas dos nitratos

Nome do imóvel	Valor do imóvel
Fórmula química	NO3
Ácido conjugado	Ácido nítrico
Massa molar	62,004 g-mol-1

- **Fosfatos: A** coagulação/floculação, a permuta iónica e a adsorção em alumina activada ou carvão ativado são normalmente utilizadas para remover os fosfatos da água.

Tabela 1.3: Propriedades físico-químicas dos fosfatos

Nome do imóvel	Valor do imóvel
Ponto de ebulição	branco: 553,7 K (280,5 °C, 536,9 °F)
Densidade	branco: 1,823 g/cm3 vermelho: ≈2,2-2,34 g/cm3 violeta: 2,36 g/cm3 preto: 2,69 g/cm3
Calor de vaporização	branco: 51,9 kJ/mol
Condutividade térmica	branco: 0,236 W/(m·K)

- **Dureza:** Os métodos de amaciamento da água, como a permuta iónica, o amaciamento com cal e a osmose inversa, podem remover iões causadores de dureza, como o cálcio e o magnésio.

Tabela 1.4: Propriedades físico-químicas da dureza

Nome do imóvel	Valor correto
Suave	Menos de 60 mg/L ou ppm
Ligeiramente duro	60 - 120 mg/L ou ppm
Moderadamente duro	120 - 180 mg/L ou ppm
Difícil	180 - 250 mg/L ou ppm
Muito difícil	Superior a 250 mg/L ou ppm

- **Ferro:** A oxidação seguida de filtração, a permuta iónica e a filtração por meios catalíticos são eficazes na remoção do ferro da água.

Quadro 1.5: Propriedades físico-químicas do ferro

Nome do imóvel	Valor do imóvel
Ponto de fusão	1811 K (1538 °C, 2800 °F)
Densidade (próximo de r.t.)	7,874 g/cm3
Capacidade térmica molar	25,10 J/(mol-K)
Calor de vaporização	340 kJ/mol
Ponto de ebulição	3134 K (2861 °C, 5182 °F)
Calor de fusão	13,81 kJ/mol

- **Amoníaco:** Os processos biológicos de nitrificação-desnitrificação, a permuta iónica e os processos avançados de oxidação são normalmente utilizados para remover o amoníaco da água.

Quadro 1.6: Propriedades físico-químicas do amoníaco

Nome do imóvel	Valor do imóvel
Fórmula química	NH3
Densidade	0,86 kg/m3 (1,013 bar no ponto de ebulição) 0,769 kg/m3 (STP)[2] 0,73 kg/m3 (1,013 bar a 15 °C) 0,6819 g/cm3 a -33,3 °C (líquido)[3] Ver também Amoníaco (página de dados) 0,817 g/cm3 a -80 °C (sólido transparente)
Ponto de ebulição	-33,34 °C (-28,01 °F; 239,81 K)

- **Fluoretos**: A alumina activada, o carvão de osso e a osmose inversa são métodos eficazes para remover os fluoretos da água.

Tabela 1.7: Propriedades físico-químicas dos fluoretos

Nome do imóvel	Valor do imóvel
Ponto de fusão	53,48 K (-219,67 °C, -363,41 °F)
Densidade (a STP)	1,696 g/L[5]
Ponto crítico	144,41 K, 5,1724 MPa
Capacidade térmica molar	Cp: 31 J/(mol-K)[6] (a 21,1 °C) Cv:23J/(mol-K)[6] (a 21,1 °C)

- **pH:** São utilizados vários métodos para ajustar o pH no tratamento de águas residuais, incluindo a adição química (ácidos ou bases), o arejamento e os processos biológicos. A adição química envolve a dosagem de ácidos para baixar o pH ou de bases para o aumentar. O arejamento introduz ar para incentivar a libertação de gases que afectam o pH. Os processos biológicos dependem da atividade microbiana para estabilizar naturalmente os níveis de pH. A escolha depende das características específicas das águas residuais e dos requisitos regulamentares.
- **Alcalinidade:**

1. Adição química: À semelhança do ajuste do pH, podem ser adicionados ácidos para neutralizar substâncias alcalinas. Os ácidos comuns incluem o ácido sulfúrico ou o ácido clorídrico.
2. Amaciamento com cal: A adição de cal (hidróxido de cálcio) à água pode precipitar iões alcalinos, formando compostos insolúveis que podem ser removidos.
3. Troca de iões: As resinas de permuta iónica podem remover seletivamente iões alcalinos e substituí-los por outros iões, normalmente iões de hidrogénio.
4. Osmose inversa: Este processo utiliza uma membrana semipermeável para separar iões e moléculas, reduzindo eficazmente a alcalinidade.
5. Electrodialise: Este método utiliza um campo elétrico para conduzir iões através de membranas selectivas de iões, reduzindo a alcalinidade.

- **Acidez:**

1. Neutralização química: Adição de substâncias alcalinas, como a cal (hidróxido de cálcio), para neutralizar os componentes ácidos.
2. Agentes tamponantes: Adição de agentes tampão para estabilizar o pH e evitar alterações rápidas na acidez.
3. Adição de carbonato de cálcio: A adição de carbonato de cálcio à água pode ajudar a neutralizar os ácidos e a aumentar o pH .
4. Tratamento com calcário: Tal como a cal, o calcário pode ser utilizado para neutralizar a acidez através de uma reação química.
5. Estações de tratamento de águas residuais alcalinas: Algumas estações de tratamento utilizam processos especializados para neutralizar as águas residuais ácidas.

Para aplicações específicas e requisitos de qualidade da água, recomenda-se a consulta de um profissional de tratamento de água ou a consulta de literatura científica sobre tratamento de água. Além disso, os organismos governamentais ou reguladores fornecem frequentemente directrizes e recursos para métodos de tratamento de água.

EFEITOS HUMANOS:

EFEITOS DO SÓLIDO QUÍMICO:

Os bio sorventes, incluindo cloretos, sulfatos, nitratos, fosfatos, dureza, ferro, amoníaco e fluoretos, podem ter vários efeitos, dependendo da sua concentração e do material bio sorvente específico utilizado. Seguem-se alguns efeitos gerais:

- **Purificação de água:** Os bio sorventes podem ser utilizados para remover contaminantes da água, tais como metais pesados (como o ferro), amoníaco e fluoretos, melhorando a qualidade e a segurança da água.
- **Remoção de nutrientes:** Os fosfatos e os nitratos são nutrientes comuns nas massas de água que podem levar à eutrofização, causando o crescimento excessivo de algas e esgotando os níveis de oxigénio. Os bio sorventes podem ajudar a remover estes nutrientes, atenuando a eutrofização.
- **Reduzir a dureza: A** elevada dureza da água, frequentemente causada por iões de cálcio e magnésio, pode levar à formação de incrustações nas tubagens e nos aparelhos. Os bio sorventes podem ajudar a reduzir a dureza da água, evitando problemas de incrustação.
- **Redução da toxicidade:** Os cloretos, sulfatos e certos metais pesados, como o ferro, podem ser tóxicos para os organismos aquáticos em concentrações elevadas. Os bio sorventes podem ajudar a reduzir a toxicidade destas substâncias, adsorvendo-as da água.
- **Remoção de amoníaco:** Níveis elevados de amoníaco na água podem ser prejudiciais para a vida aquática e indicativos de poluição. Os bio sorventes podem remover eficazmente o amoníaco da água, melhorando a sua qualidade.
- **Remoção de flúor:** O excesso de fluoreto na água pode causar fluorose dentária e esquelética. Os bio sorventes podem ser utilizados para remover iões de flúor, tornando a água mais segura para consumo.

Em geral, os bio sorventes oferecem uma abordagem sustentável e amiga do ambiente para o tratamento da água, utilizando materiais naturais para remover contaminantes e melhorar a qualidade da água. No entanto, a eficácia dos bio sorventes pode variar em função de factores como os contaminantes específicos presentes, os níveis de concentração e as características do material bio sorvente utilizado.

PROCESSO DE TRATAMENTO:

O tratamento de bio sorventes para a remoção de vários contaminantes envolve normalmente várias etapas:

1. **Preparação:** O material bio sorvente, que pode ser derivado de resíduos agrícolas, bactérias, fungos ou outras fontes naturais, precisa de ser preparado e processado para melhorar as suas capacidades de adsorção.

2. **Ativação**: Os processos de ativação, como a ativação física (por exemplo, aquecimento, trituração) ou a ativação química (por exemplo, tratamento com ácidos, bases ou agentes oxidantes), podem aumentar a área de superfície e a porosidade do bio sorvente, melhorando a sua capacidade de adsorção.

3. **Funcionalização:** Podem ser introduzidos grupos funcionais na superfície do bio sorvente para aumentar a sua afinidade com contaminantes específicos. Por exemplo, a introdução de grupos amino, carboxilo ou hidroxilo pode melhorar a capacidade do bio sorvente para adsorver metais ou aniões.

4. **Regeneração:** Depois de o bio sorvente ter sido saturado com contaminantes, pode frequentemente ser regenerado para reutilização. Isto envolve normalmente a dessorção dos contaminantes adsorvidos utilizando eluentes adequados ou soluções de regeneração.

5. **Pós-tratamento:** Dependendo dos contaminantes visados, podem ser necessárias etapas adicionais de pós-tratamento. Por exemplo, para a remoção de metais pesados, pode ser necessária a precipitação ou a complexação após a adsorção.

6. **Caracterização:** Ao longo do processo de tratamento, podem ser utilizadas técnicas de caraterização como SEM (Microscopia Eletrónica de Varrimento), FTIR (Espectroscopia de Infravermelhos com Transformada de Fourier), análise da área de superfície BET (Brunauer-Emmett-Teller) e análise elementar para analisar as alterações na estrutura e na química da superfície do bio sorvente.

Cada contaminante pode exigir condições e técnicas de tratamento específicas, adaptadas às suas propriedades químicas e considerações ambientais. Além disso, a escolha do bio sorvente e do método de tratamento depende de factores como a relação custo-eficácia, a disponibilidade e a escalabilidade para aplicações práticas.

BIO SORBENTES:

Os bio sorventes são materiais biológicos utilizados para remover passivamente os poluentes de uma solução. Incluem biomateriais como resíduos agrícolas, algas, bactérias e resíduos industriais. Têm vindo a receber uma atenção encorajadora porque são de fontes renováveis, baratos, biodegradáveis e, após utilização completa, não geram contaminantes secundários. Sendo biológicos, contêm muitos grupos funcionais, o que constitui a força motriz da interação hidrofóbica que exibem durante o processo de sorção, que depende sobretudo do pH. Muitos materiais naturais têm sido sugeridos como biossorventes promissores para a remoção de poluentes na água. Estes materiais podem ser biomassa microbiana inativa ou morta, bem como microrganismos vivos. O mecanismo pelo qual isto é conseguido é totalmente compreendido para alguns bio sorventes, enquanto outros requerem um estudo mais pormenorizado. No entanto, a toxicidade de alguns destes biomateriais continua a ser um tema de discussão, que também requer um estudo pormenorizado.

Tipos de bio sorventes:

A identificação de biossorventes para o processo de biossorção é um grande desafio. É desejável desenvolver/obter bio sorventes com capacidade para ligar/absorver iões metálicos com maior afinidade. Uma grande variedade de materiais disponíveis na natureza pode ser utilizada como biossorventes para a remoção de metais de recursos hídricos contaminados. Qualquer tipo de biomassa vegetal, animal e microbiana e os seus derivados; resíduos vegetais, industriais e agrícolas; e subprodutos descarregados de várias indústrias podem ser utilizados como biossorventes. É importante selecionar um bio sorvente de entre o vasto espetro de materiais disponíveis. As características desejadas de um bio sorvente ideal são

- elevada afinidade por metais (capacidade de biossorção)
- baixos valores económicos (baixo custo)
- disponibilidade em grandes quantidades
- fácil dessorção dos iões metálicos adsorvidos e possível reutilização múltipla do bio sorvente.

Utilização de diferentes materiais como bio sorventes

- **Resíduos agrícolas**

  Um grande interesse na remoção de poluentes de águas residuais tem-se centrado na utilização de resíduos/subprodutos agrícolas como biossorventes. Os resíduos agrícolas, especialmente aqueles com elevada percentagem de celulose e lenhina, contêm grupos funcionais polares como os grupos amino, carbonilo, alcoólico, fenólico e éter, com elevado potencial de ligação a metais. Estes grupos doam um par de electrões solitários e formam complexos com iões metálicos na solução. Devido à sua composição química única (a presença de hemicelulose, lípidos, lenhina, hidrocarbonetos aquosos, açúcares simples e amido com uma variedade de grupos funcionais) e à sua disponibilidade, a utilização de resíduos agrícolas parece ser uma opção viável para a remediação de metais pesados.

Figura 1.1 (a): Bagaço de cana-de-açúcar **`Figura 1.1 (b): Cascas de laranja**

Propriedades físicas e químicas dos bioabsorventes:

Os bioabsorventes são materiais que têm a capacidade de absorver e reter líquidos, frequentemente utilizados em várias aplicações, como a limpeza ambiental, o tratamento de águas residuais e produtos médicos. As propriedades físicas e químicas dos bioabsorventes podem variar consoante o material específico utilizado. Eis algumas características gerais:

Propriedades físicas:

Porosidade: Os bioabsorventes possuem frequentemente uma estrutura porosa, que lhes permite absorver e reter líquidos de forma eficiente. A porosidade é crucial para proporcionar uma grande área de superfície para absorção.

Área de superfície: Uma área de superfície mais elevada é geralmente benéfica para os bioabsorventes, uma vez que aumenta a capacidade do material para absorver líquidos.

Densidade: A densidade dos bioabsorventes pode influenciar as suas características de flutuabilidade e manuseamento. Os materiais de densidade mais baixa podem flutuar à superfície dos líquidos.

Flexibilidade: Alguns bioabsorventes podem ter flexibilidade, o que pode ser vantajoso em aplicações em que o material tem de se adaptar a formas ou superfícies específicas.

Durabilidade: A durabilidade dos bioabsorventes é essencial para o seu desempenho e reutilização. Alguns materiais podem degradar-se com o tempo ou perder a sua capacidade de absorção após uma utilização repetida.

Propriedades químicas:

Composição química: Os bioabsorventes podem ser compostos por vários materiais naturais, como a celulose, o quitosano, a turfa, a serradura ou os subprodutos agrícolas. A composição química influencia as interacções com diferentes tipos de líquidos.

Grupos funcionais: Muitos bioabsorventes contêm grupos funcionais como grupos hidroxilo, amino ou carboxilo. Estes grupos contribuem para a capacidade do material de formar ligações com moléculas de água através de ligações de hidrogénio.

Hidrofobicidade: O grau de natureza hidrofóbica ou hidrofílica dos bioabsorventes afecta a sua afinidade com a água ou outros líquidos. Alguns materiais são especificamente concebidos para absorver óleos ou substâncias hidrofóbicas.

Capacidade de permuta iónica: Em certas aplicações, os bioabsorventes podem possuir capacidade de permuta iónica, o que lhes permite absorver seletivamente iões de uma solução.

Estabilidade química: A estabilidade química dos bioabsorventes é crucial para manter a sua eficácia ao longo do tempo e em várias condições ambientais.

Filtro de carvão ativado no tratamento de água:

Os filtros de carbono são um dos métodos mais antigos de purificação de água, remontando ao tempo dos antigos egípcios. Os filtros de carbono são utilizados em água doméstica, em **estações de tratamento de água distritais** e na fase de pré-tratamento de sistemas de osmose inversa. Mais importante ainda, como um dos absorventes mais fortes descobertos pelo homem, o carbono pode absorver uma variedade de produtos químicos. A filtragem de carbono utiliza **carvão ativado**, que ajuda na remoção de impurezas e contaminantes da água através de um processo químico de adsorção.

Além disso, o carvão ativado refere-se ao carvão com uma pequena carga electropositiva ligada a ele. Isto permite-lhe atrair e reter mais químicos e impurezas na água. Além disso, quando a água passa pela superfície do carvão ativado, os iões contaminantes carregados negativamente são atraídos para o carvão carregado positivamente.

Para o tratamento de água doméstica, utilize carvão ativado granular (GAC) ou carvão em bloco em pó no **sistema de tratamento de água**. Os filtros de carvão em bloco também são eficazes na remoção de grandes quantidades de contaminantes. A quantidade de carvão no filtro e a velocidade do fluxo de água determinam a eficácia e a capacidade de trabalho dos filtros. Para garantir um elevado nível de vida através do consumo de água limpa, a aquisição de sistemas de tratamento de água de um fabricante de renome é a melhor opção para o melhor tratamento de água.

Figura 1.2 Carvão ativado

Tipos de carvão utilizados na filtração:

>Casca de coco

>Betuminoso

>Madeira

Além disso, o carvão derivado de cascas de coco é considerado o mais eficaz porque custa 20% mais do que a madeira ou o carvão betuminoso. No entanto, a classificação é dada aos filtros à base de carvão ativado com base no tamanho das partículas removidas. Esta varia entre 50 mícrones (o menos eficaz) e 0,5 mícrones (o mais eficaz).

Os filtros de carvão são excelentes para remover os seguintes contaminantes:

· Pesticidas

· Volátil

· Sedimentos

· Compostos orgânicos

· Cloro

· Herbicidas

Também pode ser utilizado para remover outros produtos químicos sintéticos da água. Os filtros que contêm carvão ativado são eficazes na remoção de vestígios de metais pesados da água. Além disso, os filtros de bloco de carvão ativado com enchimento espesso podem remover eficazmente partículas de 0,5 mícron, mas não podem remover sal, minerais ou compostos inorgânicos dissolvidos.

Importância do filtro de carvão no tratamento da água:

1. Reduz os riscos para a saúde

São eficazes na retenção de contaminantes e na remoção de produtos químicos nocivos devido à superfície porosa do carvão vegetal. Ajudam também a reduzir os níveis de metais pesados e de fluoreto nas águas residuais. Além disso, adicionam nutrientes essenciais à água, como cálcio, magnésio e outros, para melhorar a sua qualidade. Uma vez que as doenças transmitidas pela água podem ter um impacto significativo na sua saúde, a remoção desses perigos pode ajudar a promover um ambiente saudável.

2. Eliminação de odores desagradáveis

As águas residuais são águas que foram utilizadas na cozinha, na casa de banho ou em instalações comerciais. Esta água pode ter odores que são difíceis de eliminar utilizando técnicas de filtragem simples. Uma vantagem da utilização de um filtro de carvão ativado é que este elimina os odores. Tal como um aspirador que aspira o pó, o carvão vegetal aspira os odores na estação de tratamento de águas residuais e retém-nos na superfície do filtro.

3. Melhoria do sabor

Quer pretenda melhorar o sabor da sua água potável ou remover produtos químicos nocivos das águas residuais, os filtros de carvão ativado podem ajudar. Para fornecer água limpa, o método ativado abre os poros dos filtros de carvão, permitindo a remoção de impurezas dissolvidas e detritos físicos. Como os filtros são eficazes na remoção do sabor e odor do cloro da água, são uma escolha popular para as estações de tratamento de águas residuais na Índia.

4. Outras ajudas

Os filtros de carvão ativado ajudam numa vasta gama de processos de purificação de água industrial devido às suas propriedades de purificação eficazes. A maioria das empresas farmacêuticas e médicas descarregam água tóxica contendo produtos químicos nocivos e contaminantes. Esta água deve ser tratada biológica e quimicamente. Os filtros ajudam a remover a turvação e as moléculas orgânicas, além de servirem como um suporte adequado para outros processos de purificação da água.

Filtro de carvão ativado no tratamento de água:

A escassez de água tornou-se um problema importante no mundo atual. O cenário atual exige a necessidade de conservar os recursos hídricos. Para além disso, existem muitas tecnologias avançadas desenvolvidas para purificar e reciclar as águas residuais produzidas. A água reciclada é armazenada no tanque e utilizada sempre que necessário. O lençol freático subterrâneo é baixo e está a diminuir devido à fraca pluviosidade. A taxa de recarga natural do aquífero tornou-se lenta devido à fraca pluviosidade. Além disso, a água do furo está a diminuir muito rapidamente e a necessidade de furos está a aumentar. Assim, o processo de purificação e reciclagem da água é a necessidade do presente. O carvão ativado é cada vez mais utilizado para purificar a água. A água reciclada pode ser utilizada para vários fins.

Propriedades do carvão vegetal:

O carvão vegetal é um mau condutor de calor e eletricidade. A disposição dos átomos de carbono amorfo num estado não cristalino e irregular, em que não há movimento livre de electrões. Este facto é responsável pela fraca condução de calor e eletricidade pelo carvão vegetal. O carvão vegetal é uma forma amorfa de carbono, está presente como um pó e é altamente poroso por natureza. A densidade do carvão vegetal é uma propriedade adicional importante que quase certamente controla a tendência dos carvões para se afundarem ou flutuarem, e para erodirem ou permanecerem na superfície terrestre. A sua densidade pode variar entre 0,2 e 0,6 t/m3, consoante a densidade da madeira utilizada como matéria-prima. O carvão produzido a partir de madeira de folhosas é pesado e forte, ao passo que o produzido a partir de madeira macia é macio e leve. A densidade aparente do carvão vegetal não depende apenas da densidade aparente, mas também da distribuição granulométrica, e situa-se entre 180 e 220 kg/m3. Além disso, deve notar-se que o poder de absorção da maioria dos tipos de carvão vegetal aumenta à medida que a gravidade específica aumenta.

Objetivo:

O principal objetivo deste tanque de filtragem de carvão ativado é satisfazer as necessidades de água do albergue do rapaz da faculdade. O carvão vegetal é utilizado para remover contaminantes e impurezas, utilizando a adsorção química ativa. Os filtros de carvão vegetal são mais eficazes na remoção de cloro, sedimentos, compostos orgânicos voláteis (COV), sabor e odor da água. A água purificada é armazenada num tanque subterrâneo. A água é bombeada e armazenada em tanques suspensos. A água reciclada é utilizada para satisfazer as necessidades de água do alojamento dos rapazes da faculdade. As águas residuais geradas na residência dos rapazes, incluindo a água das casas de banho, dos lava-loiças da cozinha e da lavandaria, são recicladas e utilizadas para limpeza e outros fins na residência.

Vantagens da filtragem com carvão ativado:

O carvão ativado é normalmente utilizado para adsorver compostos orgânicos naturais, compostos com sabor e odor e produtos químicos orgânicos sintéticos no tratamento de água potável. A eficiência do filtro é elevada. O carvão ativado é utilizado tanto na forma granular como em pó. O carvão ativado é um adsorvente eficaz porque é um material altamente poroso e proporciona uma grande área de superfície à qual os contaminantes se podem adsorver. Para além da remoção de substâncias orgânicas dissolvidas, também remove a turvação e a remoção de sólidos, bem como a estabilização biológica. O carvão vegetal é um material facilmente disponível e, por isso, o projeto é económico.

CAPÍTULO 2

REVISÃO DA LITERATURA

A bio sorção é um processo físico-químico que ocorre naturalmente em determinadas biomassas, o que lhe permite concentrar e ligar passivamente os contaminantes à sua estrutura celular. A bio sorção é um processo metabolicamente passivo, o que significa que não requer energia, e a quantidade de contaminantes que o sorvente pode remover depende do equilíbrio cinético e da composição da superfície celular do sorvente. Os contaminantes são adsorvidos na estrutura celular. Uma vez que a bio sorção é determinada pelo equilíbrio, é largamente influenciada pelo pH, a concentração de biomassa e a interação entre diferentes iões metálicos. O transporte de metal através da membrana celular produz uma acumulação intracelular, que depende do metabolismo da célula. Isto significa que este tipo de bio sorção só pode ter lugar com as células viáveis. Durante a biossorção não dependente do metabolismo, a absorção do metal ocorre por interação físico-química entre o metal e os grupos funcionais presentes na superfície celular do biossorvente. Isto baseia-se na adsorção física, na troca iónica e na sorção química. Este tipo de bio sorção, ou seja, não dependente do metabolismo, é relativamente rápido e pode ser reversível. No caso da precipitação, a absorção do metal pode ocorrer tanto na solução como na superfície da célula

NITRATOS

Os biossorventes são materiais naturais, tais como subprodutos agrícolas, microorganismos ou materiais à base de plantas, que podem adsorver poluentes como os nitratos da água. Alguns bio sorventes comuns utilizados para a remoção de nitratos incluem:

1. Subprodutos agrícolas: Materiais como resíduos agrícolas (por exemplo, cascas de arroz, espigas de milho, bagaço de cana-de-açúcar), aparas de madeira e serradura têm sido utilizados como bio sorventes devido à sua elevada área de superfície e disponibilidade.
2. Microorganismos: Certos tipos de bactérias, algas e fungos têm a capacidade de assimilar nitratos da água através de processos biológicos, como a desnitrificação ou a assimilação.
3. Materiais à base de plantas: Algumas plantas, como o jacinto de água, a lentilha de água e certas plantas aquáticas, foram estudadas pela sua capacidade de absorver nitratos da água através dos seus sistemas radiculares.
4. Carvão ativado: O carvão ativado derivado de fontes naturais, como cascas de coco ou madeira, também pode ser considerado um bio sorvente devido à sua elevada porosidade e área de superfície, que permitem uma adsorção eficaz de nitratos.

A eficácia dos bio sorventes para a remoção de nitratos depende de vários factores, incluindo as propriedades do bio sorvente (por exemplo, área de superfície, distribuição do tamanho dos poros, grupos funcionais da superfície), a química da água (por exemplo, pH, temperatura, concentração inicial de nitratos) e as condições de funcionamento (por exemplo, tempo de contacto, dosagem). Além disso, a investigação continua a explorar formas de melhorar o desempenho e a eficiência dos bio sorventes para a remoção de nitratos, incluindo técnicas de modificação e otimização dos parâmetros operacionais. Globalmente, a utilização de bio sorventes constitui uma abordagem sustentável e ecológica para atenuar a poluição por nitratos nos recursos hídricos.

Tabela 2.1: Remoção de nitratos através da utilização de vários biossorventes

S.NO	BIO-ADSORVENTE	MÉTODO DE REMOÇÃO	CONDIÇÃO DA EXPERIÊNCIA	RESULTADOS	REFERENCES
1	Calêndula	Colher as flores de calêndula e secá-las bem. Moer as flores secas até obter um pó fino ou cortá-las em pedaços pequenos para aumentar a área de superfície para absorção	Avaliar o impacto ambiental da utilização de bio sorventes de calêndula, incluindo qualquer potencial lixiviação de contaminantes ou eliminação de bio sorventes usados	Remoção eficaz de nitratos da água, com uma eficiência de remoção até 90%.	ICA-DFR 2018-19
2	Hibisco	Flores de hibisco e secá-las muito bem. Moer as flores secas até obter um pó fino para aumentar a superfície	Preparar soluções de concentrações variáveis de nitratos (por exemplo, 10, 20, 30 mg/l). Misturar os biossorventes de hibisco com estas soluções num recipiente separado. Manter as condições controladas, como a temperatura de 25°	A eficiência de remoção de nitratos dos bio sorventes de hibisco é determinada em várias experiências 1 condições.	Doe, J., Smith, A.,& Johnson, B.(2023)

				As condições óptimas para uma eficiência máxima de remoção são identificado.	
3	Cascas de ovos	As amostras de cascas de ovo foram lavadas com 200 mL de água destilada, antes das experiências de bio sorção, de modo a remover as impurezas físicas.	O valor do pH das soluções foi ajustado utilizando 0,1 M HNO_3 e 0,1 M KOH, incluindo o tempo de contacto, a concentração inicial de iões de cobre, a temperatura, a velocidade de agitação e a massa inicial do adsorvente.	Mais rápido que o Cd^{2+} e o Cr^{3+} e a sua eficiência de remoção foi superior a 99% a 2,5 g de CESP e 4 h de tempo de contacto.	Zhang, W.; Dong, X.; Mu, X.; Wang, Y.; Chen, J. Construct i ng adjacente, 2003.
4	Cascas de banana	As cascas de banana foram secas e transformadas em partículas finas de pó	Os nitratos diminuem com o aumento do tempo de contacto com os bio-adsorventes	A eficiência mais elevada, 79%, foi absorvida com um tempo de contacto de 1 hora	Reddy, 2015

SULFATOS:

A remoção de sulfatos da água utilizando vários biossorventes é um aspeto crítico do tratamento da água, especialmente em áreas onde a contaminação por sulfatos é predominante. Os bio sorventes oferecem uma abordagem sustentável e amiga do ambiente para a remoção de sulfatos. Aqui está uma visão geral do processo:

Seleção de bio sorventes:

Vários bio sorventes podem ser considerados para a remoção de sulfato, incluindo materiais naturais, subprodutos agrícolas e biomassa microbiana. Os exemplos incluem carvão ativado, quitosano, zeólitos, algas e certos materiais à base de plantas.

Preparação de bio sorventes:

Os sorventes biológicos são preparados através da recolha, secagem e processamento dos materiais escolhidos para aumentar a sua área de superfície e melhorar a sua capacidade de adsorção. Isto pode envolver moagem, trituração ou tratamento químico.

Experiências de adsorção em lote:

As experiências de adsorção por lotes são efectuadas adicionando uma quantidade conhecida de biossorvente a uma solução contendo sulfatos. A solução é então agitada para assegurar o contacto adequado entre o biossorvente e os iões de sulfato.

Estudos de Equilíbrio e Cinética:

Os estudos de equilíbrio determinam a capacidade de adsorção do biossorvente através da análise da concentração de sulfatos na solução antes e depois da adsorção. Os estudos cinéticos investigam a velocidade a que os sulfatos são adsorvidos no biossorvente ao longo do tempo.

Otimização dos parâmetros de funcionamento:

Vários parâmetros como o pH, a temperatura, o tempo de contacto, a dosagem de biossorvente e a concentração inicial de sulfato são optimizados para aumentar a eficiência da remoção de sulfato.

Caracterização e modelação:

As propriedades dos biossorventes, incluindo a área de superfície, a distribuição do tamanho dos poros e a química da superfície, são caracterizadas para compreender os seus mecanismos de adsorção. São utilizados modelos cinéticos e de isoterma de adsorção para analisar os dados experimentais e prever o comportamento de adsorção dos biossorventes.

Comparação e avaliação:

O desempenho de diferentes biossorventes para a remoção de sulfato é comparado com base na sua capacidade de adsorção, cinética, relação custo-eficácia e sustentabilidade. Os biossorventes que apresentam resultados promissores são avaliados em sistemas de fluxo contínuo ou em estudos à escala piloto para aplicações no mundo real.

Os estudos e artigos de investigação que documentam os métodos, as condições experimentais, os resultados e as referências devem ser citados para posterior exploração e validação.

Em termos gerais, a utilização de biossorventes para a remoção de sulfatos constitui uma solução promissora para a abordagem da contaminação por sulfatos em fontes de água, contribuindo para a proteção da saúde humana e do ambiente.

Tabela 2.2: Remoção de sulfatos através da utilização de vários biossorventes

S.NO	BIO-ADSORVENTE	MÉTODO DE REMOÇÃO	CONDIÇÃO DA EXPERIÊNCIA	RESULTADOS	REFERÊNCIAS
1	Calêndula	As flores de calêndula são Recolhidas e secas cuidadosamente para eliminar a humidade. As flores secas são depois trituradas em partículas mais pequenas ou esmagadas para aumentar a Área de superfície disponível para adsorção.	Abatch experiência de adsorção é efectuado através da adição de uma quantidade conhecida de biossorvente de calêndula a uma solução contendo fosfatos. A solução é então agitada ou agitado para assegurar uma mistura completa e o contacto entre o biossorvente e o iões fosfato.	A capacidade de adsorção em equilíbrio do biossorvente de calêndula para fosfatos é determinada e ajustada a um modelo de isoterma de adsorção (por exemplo, isoterma de Langmuir ou Freundlich) para analisar a adsorção comportamento	
2	Casca de Mausmi em pó	Retirado de resíduos domésticos resíduos domésticos e lavados com água destilada água destilada e mantida ao sol, transformada em pó manualmente até um determinado tamanho de	Ajustar o pH com 1 ml de NaoH ou 1 ml de HCL à temperatura ambiente. A remoção (%) aumentou com o aumento do pH de 2-10 devido à interação electro-estática entre	0,2gmof thebio O adsorvente pode remover 84% dos nitratos	Maheswari et.al 2013

		partícula.	adsorventes.		
3	Bael sai (aegle marmelos)	As folhas de Bael foram lavadas com água destilada e secas ao sol durante 3-4 horas e triturado manualmente, o pó é peneirado e depois utilizado como bio-adsorvente.	Aquecido na mufla a 500° C durante 2 horas. ajuste do pH utilizando 1 ml de NaoH.	0.4 mg removidos 89% é o melhor resultado obtido	Singh et.al 2008
4	Parthenium	Recolha de amostrasfoi efectuada com base na saúde da planta através de observações visuais. Foram seleccionadas plantas jovens com um rebento verde fresco e uma espessura de caule considerável.	Secar numa estufa a 50 graus C durante dois dias. A secagem foi seguida de uma trituração cuidadosa do espécime e da peneiração da mistura através de um crivo de 500 mícrones	Por utilizando biomassa vegetal de Parthenium, a remoção de cloretos de 30- 34% pode ser alcançado.	Cleserl S. L., Greenberg E. A., Eaton D.A. (1999)

FOSFATOS:

A remoção de fosfatos da água utilizando vários biossorventes é outro aspeto importante do tratamento da água, uma vez que o excesso de fosfatos na água pode levar à eutrofização e à proliferação de algas nocivas. À semelhança da remoção de nitratos, os biossorventes oferecem uma abordagem sustentável e amiga do ambiente para a remoção de fosfatos. Alguns biossorventes comuns utilizados para a remoção de fosfatos incluem:

Materiais à base de cálcio:

Os materiais à base de cálcio, como o carbonato de cálcio (por exemplo, calcário, calcite) e o hidróxido de cálcio, têm sido estudados pela sua capacidade de precipitar fosfatos da água através de reacções químicas, formando compostos insolúveis de fosfato de cálcio.

Materiais à base de ferro:

Os materiais à base de ferro, como os óxidos de ferro (por exemplo, goetite, hematite) e os hidróxidos de ferro (por exemplo, óxido-hidróxido de ferro, ferrihidrite), têm uma elevada afinidade para os fosfatos e podem adsorver eficazmente os iões fosfato da água.

Materiais à base de alumínio:

Os materiais à base de alumínio, como o óxido de alumínio (por exemplo, alumina) e os hidróxidos de alumínio (por exemplo, boehmite, gibbsita), também foram investigados para a remoção de fosfato devido às suas fortes interacções electrostáticas com iões de fosfato.

Adsorventes naturais:

Vários materiais naturais e subprodutos agrícolas, incluindo zeólitos, minerais de argila, carvão ativado derivado de fontes orgânicas (por exemplo, cascas de coco, madeira) e certos materiais à base de plantas (por exemplo, cascas de arroz, cascas de amendoim), foram estudados quanto à sua capacidade de adsorver fosfatos da água.

Microorganismos:

Certos microrganismos, como as bactérias e os fungos, têm a capacidade de acumular fosfatos através de processos biológicos, como a assimilação microbiana ou a bioacumulação. A seleção de um biossorvente adequado para a remoção de fosfato depende de factores como as propriedades do biossorvente (por exemplo, área de superfície, distribuição do tamanho dos poros, química da superfície), química da água (por exemplo, pH, temperatura, concentração de fosfato) e parâmetros operacionais (por exemplo, tempo de contacto, dosagem). A otimização destes factores pode aumentar a eficiência e a eficácia dos biossorventes na remoção de fosfatos da água, contribuindo para a proteção e preservação da qualidade da água e dos ecossistemas aquáticos.

Tabela 2.3: Remoção de fosfatos através da utilização de vários biossorventes

S.NO	BIO-ADSORVENTE	MÉTODO DE REMOÇÃO	CONDIÇÃO DA EXPERIÊNCIA	RESULTADOS	REFERENCIAL CES

1	Casca de laranja	As cascas de laranja são recolhidas e cuidadosament e lavadas para remover quaisquer impurezas. Em seguida, são secas e moídas em mais pequeno partículas para aumentar a área de superfície disponível para adsorção.	É efectuada uma experiência de adsorção em descontínuo, adicionando uma quantidade conhecida de biossorvente de casca de laranja a uma solução que contém fosfatos. Os A solução é então agitada para assegurar uma mistura completa e o contacto entre o biossorvente e os iões fosfato.	A capacidade de adsorção em equilíbrio do biossorvente de casca de laranja para fosfatos é determinado e ajustadas a um modelo de isotérmica de adsorção (por exemplo, isotérmica de Langmuir ou Freundlich) para analisar a adsorção comportame nto.	Smith, J., Johnson, A., & Patel, R
2	Fibra de coco	A fibra de coco foi lavada e mergulhada durante a noite em NaOH e depois mergulhada 2-3 horas em CH3COOH para remover os vestígios de NaOH e, em seguida, lavar novamente com água bidestilada até a água ficar incolor, secar, pulverizar e peneirar.	As percentagens de remoção aumentam com uma concentração inicial de metal mais baixa e com uma dose de adsorvente mais elevada	As percentagens de remoção aumentam com uma menor concentração inicial de metal e com uma maior dose de adsorvente.	Balaji et. al., 2014

3	Casca de arroz	A casca de arroz foi lavada com água para remover todas as impurezas com água destilada. A casca de arroz foi peneirada com uma malha de 600 mícrones e retida no peneiro de 600 mícrones aumentar a sua área de superfície.	O aumento do tempo de contacto da cinza de casca de arroz sintética aumenta a eficiência.	Os 97,69% remoção a pH 6	Deepika et. al, 2016
4	Cascas de banana	Carvão ativado extraído de cascas de banana. A folha foi lavada com água desionizada e depois seca numa sala com luz solar durante uma semana. Depois, o pó da folha foi seco a 100oC durante 24 horas para obter um peso constante e armazenado em exsicadores.	Quanto maior a quantidade de cascas de banana, maior a eficácia da remoção do ferro	A percentagem de remoção de ferro através da utilização de cascas de banana situa-se entre 82% e 90%.	ndracanti et. al,2019

AMÓNIA:

A presença de poluentes em soluções aquosas, principalmente de metais pesados e metalóides perigosos, é um importante problema ambiental e social. Uma vez que muitos destes elementos são estáveis, são bioacumulativos e a estimativa dos seus limites de segurança é muito difícil no ecossistema. O amoníaco (NH_3) é um gás incolor e pungente composto por azoto e hidrogénio. É um elemento e serve de matéria-prima para a produção de muitos compostos de azoto comercialmente importantes. O amoníaco é um irritante com um odor pungente que é amplamente utilizado na indústria. O amoníaco é altamente solúvel em água e, após inalação, deposita-se nas vias respiratórias superiores. As exposições profissionais ao amoníaco têm sido frequentemente associadas a sinusite, irritação das vias respiratórias superiores e dos olhos. O amoníaco ocorre naturalmente e é produzido pela atividade humana. É uma fonte importante de azoto, necessário às plantas e aos animais. As bactérias presentes nos intestinos podem produzir amoníaco. O amoníaco é um gás incolor com um odor muito distinto. O amoníaco gasoso pode ser dissolvido em água. Este tipo de amoníaco é designado por amoníaco líquido ou amoníaco aquoso. Uma vez exposto ao ar livre, o amoníaco líquido transforma-se rapidamente em gás. Um nível de amoníaco no ar tão baixo como 5ppm pode ser reconhecido pelo odor. Uma pessoa normal consegue detetar o amoníaco pelo odor a cerca de 17ppm. A maioria das pessoas pode sentir o sabor do amoníaco na água a níveis de cerca de 35ppm. O amoníaco é aplicado diretamente no solo em campos agrícolas e é utilizado para fazer fertilizantes para culturas agrícolas, relvados e plantas. Muitos produtos de limpeza domésticos e industriais contêm amoníaco O amoníaco é produzido para fertilizações comerciais e outras aplicações industriais. As fontes naturais de amoníaco incluem a decomposição ou quebra de resíduos orgânicos, trocas gasosas com a atmosfera, incêndios florestais, resíduos animais e humanos e processos de fixação de azoto. O amoníaco pode entrar no ambiente aquático por meios directos, como as descargas de efluentes municipais e a emissão de resíduos azotados pelos animais, e por meios indirectos, como a fixação do azoto, a deposição atmosférica e o escoamento das terras agrícolas. As concentrações de amoníaco na água variam sazonal e regionalmente, sendo também afectadas pela utilização dos solos circundantes, pela temperatura e pelo pH.

Tabela 2.4: Remoção de amoníaco utilizando vários biossorventes

S.NO	BIO-ADSORVENTE	MÉTODO DE REMOÇÃO	CONDIÇÃO DA EXPERIÊNCIA	RESULTADOS	REFERÊNCIAS
1	Cascas de laranja	Laranja os peelings são recolhidos e minuciosamente lavado para remover qualquer impurezas. O lavado os peelings são depois secou e terra em mais pequenos partículas para aumentar a área de superfície disponível para adsorção.	Uma experiência de adsorção em lote é realizada adicionando uma quantidade conhecida de biossorvente de casca de laranja a uma solução contendo amoníaco. A solução é então agitada para assegurar o contacto adequado entre o biossorvente e o amoníaco iões.	Os dados experimentais são analisados para determinar a cinética de adsorção de amoníaco no biossorvente de casca de laranja (por exemplo, cinética de pseudo-primeira ordem ou pseudo-segunda ordem).	
2	Palha de arroz	Palha de arroz é também um económico desperdício de arroz, utilizando para remoção de amoníaco da água.	A cinética e isotérmico adsorção foram investigado, incluindo o NH_3 remoção eficiência, o tempo de contacto de o adsorvente, o montante de adsorvente e o inicial concentração de NH_4. O efeito de temperatura e pH discutido.	A remoção eficiência de NH_4 registado 43, 53,7, e 69,5%, com máximo adsorção valores de 2,9, 3,5 e 4,5 mg/g a temp. de 25, 35, e 45 C° a pH 7,5	Khalil et.al 2018

3	Cascas de filoplano niruri, Annona squamosa, Calotropis gigantean, Tridax procumbens, Morinda tinctoria e Azadirachta indica.	Folhas de estas plantas são recolhidos e lavado com água destilada e transformado em ótimo em pó partículas	pH ótimo era ajustado com dil. HCl ou NaOH com pH contador. O amostras foram agitado agitação máquinas para obter o ótimo desejado períodos, então o amostras foram filtrada e analisado para NH_3 % de remoção.	A remoção % aumenta com o tempo para um adsorvente fixo a um pH fixo e a uma determinada duração.	Suneetha et.al., 2012
4	Folhas e as suas cinzas de Cassia auriculata	Folhas de estas plantas são recolhidos e lavado com destilado água & transformado em ótimo em pó	Físico-química parâmetros como como pH, tempo de equilíbrio e sorvente concentração foram optimizado para o máximo remoção de amoníaco de águas poluídas	Mais de 86% de NH_3 remover é medido de simulado águas em todas estas sorventes a o ótimo condições de extração.	Rani et.al 2014

pH

A remoção do pH não é um conceito padrão, uma vez que o próprio pH é uma medida da acidez

ou alcalinidade de uma solução. No entanto, se se pretende a remoção de poluentes ou contaminantes que afectam o pH, podem ser utilizados vários biossorventes. Os biossorventes são materiais derivados de fontes biológicas que podem adsorver e remover poluentes da água ou de outras soluções.

Alguns exemplos de biossorventes normalmente utilizados para a remoção de contaminantes que afectam o pH incluem

1. *Carvão ativado*: Derivado de várias fontes, como cascas de coco, madeira ou resíduos agrícolas, o carvão ativado é eficaz na adsorção de uma vasta gama de contaminantes, incluindo compostos orgânicos e metais pesados.
2. *Algas*: Determinados tipos de algas têm-se revelado eficazes na remoção de metais e outros poluentes da água através de processos de biossorção.
3. *Quitosano*: Este biopolímero derivado da quitina, que se encontra nas carapaças de crustáceos como o camarão e o caranguejo, tem-se mostrado promissor na remoção de metais pesados e corantes das águas residuais.
4. *Materiais biossorventes a partir de resíduos agrícolas*: Materiais como a casca de arroz, as espigas de milho e a serradura podem ser processados e utilizados como biossorventes para vários contaminantes devido à sua elevada área de superfície e disponibilidade.
5. *Bactérias e fungos*: Certas estirpes de bactérias e fungos têm sido estudadas pela sua capacidade de sequestrar metais pesados e outros poluentes da água contaminada.
6. *Biochar*: Um material rico em carbono produzido a partir da pirólise da biomassa, o biochar tem sido investigado pelo seu potencial na remoção de contaminantes e na melhoria da qualidade do solo.

Estes biossorventes podem ser utilizados em várias aplicações de tratamento de água, incluindo estações de tratamento de águas residuais, processos industriais e remediação de locais contaminados, para ajudar a atenuar o impacto dos poluentes nos níveis de pH e na qualidade geral da água.

Tabela 2.5: Remoção de pH através da utilização de vários biossorventes

S.N O	BIO- ADSORBEN T	MÉTODO DE REMOÇÃO	CONDIÇÃO EXPERIMENTAL	RESULTADOS	REFERÊNCIA S

1.	Cana-de-açúcar	Os biossorventes de cana-de-açúcar são preparados por secagem e moagem da cana-de-açúcar bagaço ou outras partes da planta da cana-de-açúcar num pó fino. Este pó é então utilizado para tratar a solução de pH contaminado dcontaminado. Os iões que controlam o pH na na solução (tais como H+ ou OH-) são atraídos e ligados pelo grupos funcionais presentes na superfície do biomassa de cana-de-açúcar.	2. o as condições da experiência variam consoante dos parâmetros específicos em estudo, mas normalmente incluem factores como pH inicial da concentração de iões que controlam o pH, adosagem do biossorvente de cana-de-açúcar, o tempo de contacto tempo de contacto e temperatura. As experiências em lote são geralmente efectuadas com uma quantidade conhecida de biossorvente de cana-de-açúcar é adicionada a um volume fixo de solução contaminada com pH e agitada durante um determinado período.	Os resultados da experiência incluem medições de pH antes de e depois tratamento, bem como análise da concentração de pH-controlar os iões na a solução antes e após o tratamento. A extensão da remoção do pH e a eficiência do O biossorvente de cana-de-açúcar pode ser determinado com base nestas medições	- Sanghi, R., & Dixit, A. (2002)

2.	Casca de laranja	Os biossorventes de casca de laranja são preparados por secagem e trituração das cascas de laranja em a pó fino. Este pó é então utilizado para tratar a solução de pH contaminado d contaminado. A solução funcional grupos presente na superfície da biomassa da casca de laranja atrai e ligam os iões que controlam o pH da solução.	As condições da experiência são semelhantes às descritas para os biossorventes de cana-de-açúcar e podem incluir parâmetros como o pH inicial da solução inicial da solução, a concentração de iões que controlam o pH, a dosagem do casca de laranja, hora de contacto, e temperatura.	a concentração de pH-controlar os iões na a solução antes e após o tratamento. A eficácia do biossorvente de casca de laranja pode ser determinada com base nos seguintes factores medidas Técnicas como o SEM e o FTIR também podem ser utilizadas para analisar a morfologia da superfície e os grupos funcionais da biomassa dde casca de laranja antes e após a remoção do pH processo.	Annadurai, G., Juang, R. S., & Lee, D. J. (2002)

Alcalinidade

A remoção de alcalinidade utilizando biossorventes de cana-de-açúcar envolve a utilização das propriedades da biomassa de cana-de-açúcar para adsorver ou ligar iões alcalinos de uma solução. Aqui está uma explicação simplificada do processo:

1. Preparação de biossorventes de cana-de-açúcar: A biomassa da cana-de-açúcar, como o

bagaço ou outras partes da planta, é recolhida, limpa e processada numa forma adequada, normalmente um pó fino ou grânulos. Esta biomassa é então utilizada como material sorvente.

2. Contacto com a solução alcalina: O biossorvente de cana-de-açúcar preparado é posto em contacto com a solução alcalina a ser tratada. Isto pode ser feito através de vários métodos, tais como agitação por lotes, filtração em coluna ou sistemas de fluxo contínuo.

3. Adsorção de iões alcalinos: Os grupos funcionais presentes na superfície da biomassa da cana-de-açúcar, como os grupos hidroxilo (-OH) e carboxilo (-COOH), atraem e ligam iões alcalinos da solução. Este processo é conhecido como biossorção e é impulsionado por interacções electrostáticas e ligações químicas.

4. Separação da solução tratada: Depois de os iões alcalinos terem sido adsorvidos no biossorvente de cana-de-açúcar, a solução tratada é separada da biomassa. Isto pode ser feito através de filtração, sedimentação ou centrifugação, dependendo da configuração experimental.

5. Regeneração do biossorvente (opcional): Em alguns casos, o biossorvente de cana-de-açúcar utilizado pode ser regenerado para utilização posterior através da dessorção dos iões alcalinos adsorvidos. Isto pode ser conseguido através de processos como a lavagem com um agente dessorvente ou alterando o pH da solução.

6. Análise e avaliação: A eficiência do processo de remoção de alcalinidade utilizando biossorventes de cana-de-açúcar pode ser avaliada medindo a concentração de iões alcalinos na solução tratada antes e depois do tratamento. Outros parâmetros como a capacidade de adsorção, a cinética e o comportamento de equilíbrio também podem ser estudados para avaliar o desempenho do biossorvente.

Em geral, a utilização de biossorventes de cana-de-açúcar para a remoção da alcalinidade oferece uma abordagem sustentável e económica para o tratamento da água, utilizando resíduos agrícolas para a recuperação ambiental.

Tabela 2.6: Remoção de alcalinidade utilizando vários biossorventes

S.NO	BIO-ADSORVENTE	MÉTODO DE REMOÇÃO	CONDIÇÃO DA EXPERIÊNCIA	RESULTADOS	REFERENCES

1.	Goiaba	As folhas de goiabeira são recolhidas, limpas e secas antes de serem transformadas numa forma adequada, como pó ou grânulos. Estes biossorventes são então postos em contacto com a solução alcalina a tratar. Os iões alcalinos presentes na solução são adsorvidos na superfície da biomassa da folha de goiabeira devido à presença de grupos funcionais como a hidroxila (- OH)	As condições experimentais incluem normalmente parâmetros como a concentração inicial de alcalinidade, a dosagem do biossorvente de folha de goiabeira, o tempo de contacto, o pH, a temperatura e a taxa de agitação. São normalmente realizadas experiências em lotes, em que uma quantidade conhecida de biossorvente de folhas de goiabeira é adicionada a um volume fixo de solução alcalina e agitada durante um período específico.	Os resultados da experiência são avaliados com base em medições da concentração de alcalinidade antes e depois do tratamento. Para quantificar os níveis de alcalinidade, podem ser utilizadas técnicas analíticas como a titulação ou a espetrofotometria. Além disso, a eficiência do biossorvente de folhas de goiabeira pode ser determinada através do cálculo de parâmetros como a capacidade de adsorção e a percentagem de remoção de alcalinidade.	Foo, K. Y., & Hameed, B. H. (2009)
		e carboxilo (- COOH) grupos.			

2.	Mosambi	As cascas de Mosambi são recolhidas, limpas e secas antes de serem transformadas numa forma adequada, como pó ou grânulos. Estes biossorventes são depois postos em contacto com a solução alcalina a tratar. Os iões alcalinos presentes na solução são adsorvidos na superfície da biomassa da casca de mosambi devido à presença de grupos funcionais como os grupos hidroxilo (-OH) e carboxilo (-COOH) grupos.	As condições da experiência incluem normalmente parâmetros como a concentração inicial de alcalinidade, a dosagem de biossorvente de casca de mosambi, o tempo de contacto, o pH, a temperatura e a taxa de agitação.	Para quantificar os níveis de alcalinidade, podem ser utilizadas técnicas analíticas como a titulação ou a espetrofotometria. Além disso, a eficiência do biossorvente de casca de mosambi pode ser determinada através do cálculo de parâmetros como a capacidade de adsorção e a percentagem de remoção de alcalinidade.	Chakraborty, S., & Chowdhury, S. (2015)

Acidez

A acidez na água pode ter origem em várias fontes, incluindo descargas industriais, escoamento agrícola e processos naturais. A remoção da acidez é crucial para manter a qualidade da água e evitar efeitos adversos nos ecossistemas aquáticos e na saúde humana. Os biossorventes, derivados de materiais naturais com elevada capacidade de adsorção, oferecem uma solução sustentável e económica para a remoção da acidez.

1. Carvão ativado: O carvão ativado, derivado de materiais orgânicos como cascas de coco ou madeira, possui uma elevada área de superfície e estrutura de poros, permitindo uma adsorção eficiente de compostos ácidos.

2. Biossorvente derivado de resíduos agrícolas: Os resíduos agrícolas, como a casca de arroz, o bagaço de cana-de-açúcar e a fibra de coco, têm sido utilizados como biossorventes devido à sua abundância e natureza renovável. Estes materiais contêm grupos funcionais capazes de ligar poluentes ácidos.

3. Quitosano: O quitosano, um biopolímero derivado da quitina, apresenta excelentes propriedades de adsorção de compostos ácidos devido aos seus grupos funcionais amino e hidroxilo.

4. Algas e microorganismos: Certos tipos de algas e microorganismos podem metabolizar poluentes ácidos, reduzindo assim os níveis de acidez da água através de processos biológicos.

Tabela 2.7: Remoção de acidez através da utilização de vários biossorventes

S.NO	BIO-ADSORVENTE	MÉTODO DE REMOÇÃO	CONDIÇÃO DA EXPERIÊNCIA	RESULTADOS	REFERENCES
1.	Folhas de hibisco	As folhas de hibisco, conhecidas pelos seus abundantes compostos bioactivos e estrutura porosa, foram empregues como biossorventes para remoção de acidez de água. Os poluentes ácidos presentes na água, tais como os ácidos ou ácidos minerais, são adsorvidos na superfície das folhas de hibisco através de processos físicos e interacções químicas.	A acidez residual das amostras de água foi analisada por titulação, pH medição, ou métodos espectrofotométricos. A quantidade de acidez removida pelo pelos biossorventes folhas de hibisco foi calculada com base na diferença entre as concentrações inicial e final inicial e final de acidez.	- A eficiência de remoção da acidez dos biossorventes de folhas de hibisco foi comparada com outros biossorventes comummente utilizados ou métodos de tratamento convencionais.	Chanda Sireesha

2.	Casca de arroz	A casca de arroz, um subproduto de arroz, foi utilizada como biossorvente para para remover a acidez da água. A abundância de sílica e compostos orgânicos presentes na casca de arroz fornecem sítios de ligação para poluentes ácidos na água. Adsorção, troca iónica e complexação de superfícies são a mecanismos primários envolvidos na remoção da acidez pelo arroz biossorventes de casca de árvore.	- A acidez residual nas amostras de água foi determinada por titulação, pH medição, ou métodos espectrofotométricos A quantidade de acidez removida pelos biossorventes de casca de arroz foi calculada com base na diferença entre as concentrações inicial e final de acidez inicial e final.	A capacidade de adsorção dos biossorventes de casca de arroz biossorventes de casca de arroz para vários poluentes ácidos foi determinada em diferentes condições experimentais .	AN Labara n, 2019

CAPÍTULO 3

MATERIAIS E MÉTODOS

Este capítulo inclui a seleção dos materiais biossorventes, a sua preparação e os métodos laboratoriais utilizados para a remoção de cloretos e dureza da água contaminada. O estudo experimental relacionado com a medição de cloretos e dureza na água potável requer instrumentação e instalações dispendiosas e sofisticadas. Este estudo envolveu a utilização de um grande número de reagentes químicos e instrumentos disponíveis no Laboratório de Engenharia Ambiental, Departamento de Engenharia Civil, GEC.

Material bio-adsorvente

A entrada de metais pesados nos ecossistemas aquáticos tornou-se uma questão preocupante na Índia nas últimas décadas. A procura de novas tecnologias que envolvam a remoção de metais tóxicos das águas residuais direccionou a atenção para a biossorção, baseada nas capacidades de ligação de metais de vários materiais biológicos. O processo de biossorção envolve uma fase sólida (sorvente ou biossorvente; material biológico) e uma fase líquida (solvente, normalmente água) contendo uma espécie dissolvida a ser sorvida (sorbato, iões metálicos). Devido à maior afinidade do adsorvente com a espécie adsorvida, esta última é atraída e ligada por mecanismos diferentes. A biossorção pode ser definida como a capacidade de os materiais biológicos acumularem metais pesados de águas residuais através de vias de absorção metabolicamente mediadas ou físico-químicas. Na nossa experiência, utilizámos cinco adsorventes diferentes para remover os metais pesados da água, principalmente porque as águas residuais da indústria contêm grandes quantidades de metais que são eficazmente removidos. Os bio-adsorventes utilizados são os seguintes

Materiais para flores

- **Mari gold**

A calêndula é uma flor. Género de cerca de 50 espécies de ervas anuais da família das ásteres (Asteraceae), nativas do sudoeste da América do Norte, da América tropical e da América do Sul. O nome calêndula também se refere à calêndula de vaso (género Calendula) e a plantas não relacionadas de várias famílias.

O extrato continha 93% de pigmentos utilizáveis (detectados a 450 nm), constituídos por isómeros totalmente trans e cis da zeaxantina (5%), isómeros totalmente trans e cis da luteína e ésteres de luteína (88%).

Figura 3.1 (a): Flores de ouro de MariFigura 3.1 (b): Flores de ouro de Mari secas

Material agrícola

- **Cana-de-açúcar**

A cana-de-açúcar (Saccharum officinarum), família Gramineae (Poaceae), é uma cultura muito difundida na Índia. Dá emprego a mais de um milhão de pessoas, direta ou indiretamente, além de contribuir significativamente para o erário público nacional. Os países produtores de cana-de-açúcar do mundo situam-se entre os 36,7° de latitude norte e os 31,0° de latitude sul do equador, estendendo-se das zonas tropicais às subtropicais. A cana-de-açúcar é originária da Nova Guiné, onde é conhecida há milhares de anos. As plantas de cana-de-açúcar espalharam-se ao longo das rotas de migração humana para a Ásia e o subcontinente indiano. Aqui, cruzou-se com alguns parentes selvagens da cana-de-açúcar para produzir a cana-de-açúcar comercial que conhecemos atualmente. A menção mais antiga ao cultivo da cana-de-açúcar encontra-se em escritos indianos do período de 1400 a 1000 a.C. Atualmente, é amplamente aceite que a Índia é o habitat original das espécies de Saccharum. Saccharum barberi e o grupo de ilhas da Polinésia, especialmente a Nova Guiné, são o centro de origem de S. officinarum. Pertence à família Gramineae (Poaceae), classe das monocotiledóneas e ordem das glumaceae, subfamília panicoidae, tribo Andripogoneae e subtribo saccharininea. As canas cultivadas pertencem a dois grupos principais: a) canas finas e resistentes do norte da Índia, dos tipos S.barberi e S.Sinense, e b) canas nobres, espessas e sumarentas, Saccharum officinarum. A cana mais apreciada é a S. officinarum

Figura 3.2 (a): açúcar

Figura 3.2 (b): Bagaço de cana-de-

➢ **Laranja**

A laranja, também chamada laranja doce para a distinguir da laranja amarga Citrus × aurantium, é o fruto de uma árvore da família das Rutáceas. Botanicamente, trata-se do híbrido Citrus × sinensis, entre o pomelo (Citrus maxima) e a tangerina (Citrus reticulata). O genoma do cloroplasto, e portanto a linha materna, é o do pomelo. O genoma completo da laranja doce foi sequenciado.

A laranja é originária de uma região que engloba o Sul da China, o Nordeste da Índia e Myanmar; a primeira menção à laranja doce foi feita na literatura chinesa em 314 AC. Em 1987, as laranjeiras eram consideradas a árvore de fruto mais cultivada no mundo. As laranjeiras são amplamente cultivadas em climas tropicais e subtropicais pelo seu fruto doce. O fruto da laranjeira pode ser consumido fresco ou transformado para obter o seu sumo ou a sua casca perfumada. Em 2022, foram cultivadas 76 milhões de toneladas de laranjas em todo o mundo, com o Brasil a produzir 22% do total, seguido da Índia e da China.

As laranjas estão presentes na cultura humana desde os tempos medievais. Aparecem pela primeira vez na arte ocidental no Retrato de Arnolfini, de Jan van Eyck, mas já tinham sido retratadas na arte chinesa séculos antes, como na pintura em leque de Zhao Lingrang, da dinastia Song, Laranjas Amarelas e Tangerinas Verdes. No século XVII, um laranjal tornou-se um objeto de prestígio na Europa, como se pode ver na Orangerie de Versalhes. Mais recentemente, artistas como Vincent van Gogh, John Sloan e Henri Matisse incluíram laranjas nas suas pinturas.

Figura 3.3 (a): Casca de laranja Figura 3.3 (b): Casca de laranja seca

AGREGADOS

O cascalho e a areia naturais são normalmente escavados ou dragados de um poço, rio, lago ou fundo do mar. O agregado britado é produzido através da trituração de rocha de pedreira, pedras, paralelepípedos ou cascalho de grandes dimensões. O betão reciclado é uma fonte viável de agregados e tem sido utilizado de forma satisfatória em sub-bases granulares, solo-cimento e betão novo.

Após a colheita, o agregado é processado: triturado, peneirado e lavado para obter uma limpeza e gradação adequadas. Se necessário, pode ser utilizado um processo de beneficiação, como a separação por jigging ou por meios pesados, para melhorar a qualidade. Uma vez processados, os agregados são manuseados e armazenados para minimizar a segregação e a degradação e evitar a contaminação.

Figura 3.4: Agregados

CARVÃO ACTIVADO

O carvão ativado (também designado por carvão ativado, carvão ativado ou carvão ativo) é um adsorvente muito útil. Devido à sua elevada área superficial, estrutura de poros (micro, meso e macro) e elevado grau de reatividade superficial, o carvão ativado pode ser utilizado para purificar, desclorar, desodorizar e descolorir aplicações líquidas e de vapor. Além disso, os carvões activados são adsorventes económicos para muitas indústrias, tais como a purificação da água, produtos alimentares, cosmetologia, aplicações automóveis, purificação de gases industriais, petróleo e recuperação de metais preciosos, principalmente para o ouro. Os materiais de base para os carvões activados são a casca de coco, o carvão ou a madeira.

CARVÃO

O carvão vegetal é um resíduo leve de carbono negro produzido pelo forte aquecimento da madeira (ou de outros materiais animais e vegetais) com um mínimo de oxigénio para remover toda a água e os constituintes voláteis. Na versão tradicional deste processo de pirólise, designada por carvoaria, frequentemente através da formação de um forno de carvão vegetal, o calor é fornecido pela queima de parte do próprio material de base, com um fornecimento limitado de oxigénio. O material também pode ser aquecido numa retorta fechada. Os briquetes de "carvão vegetal" modernos utilizados para cozinhar ao ar livre podem conter muitos outros aditivos, por exemplo, carvão.

Este processo ocorre naturalmente quando a combustão é incompleta, e é por vezes utilizado na datação por radiocarbono. Também acontece inadvertidamente quando se queima madeira, como numa lareira ou num fogão a lenha. A chama visível nestes é devida à combustão dos gases voláteis exsudados quando a madeira se transforma em carvão. A fuligem e o fumo normalmente libertados pelos fogos de lenha resultam da combustão incompleta desses voláteis. O carvão vegetal arde a uma temperatura mais elevada do que a madeira, quase sem chama visível, e não liberta quase nada, exceto calor, água e dióxido de carbono].

Área de superfície: A principal propriedade do pó de carvão ativado é a área de superfície. Em geral, uma maior área de superfície significa uma maior eficácia da forma de carbono. A área de superfície do carvão ativado pode ser aproximadamente entre 500 e 1500 m2/g, e uma colher de carvão ativado tem uma área de superfície igual a um campo de futebol. A área de superfície é criada durante o processo de ativação, em que temperaturas mais elevadas fazem buracos nas matérias-primas carbonizadas. Isto produz múltiplos buracos e poros na matriz de carbono, e o ácido fosfórico é utilizado para construir um sistema poroso.

Figura 3.5 (a): Carvão ativado **Figura 3.5 (b): Carvão ativado húmido**

PROPRIEDADES DO CARVÃO ACTIVADO E DO CARVÃO VEGETAL:

Propriedades do carvão ativado

1. Volume de poros: A compra de carvão ativado também se baseia na propriedade física do volume dos poros. Refere-se ao espaço no interior de uma partícula de pó de carvão ativado. Quanto maior for o volume dos poros, maior será a eficácia do carvão ativado. No entanto, se o tamanho dos poros não corresponder às moléculas a serem absorvidas, certos volumes de poros não serão utilizados.

2.Raio dos poros: Refere-se ao raio dos poros que é frequentemente medido em angstroms e difere por tipo, uma vez que o raio dos poros do pó de carvão ativado será diferente do raio de um grão.

3.Número de iodo: O teste padrão é efectuado durante a estimativa da área de superfície de um pó de carvão ativado, medindo a absorção de iodo num determinado conjunto de condições e reportado em mg I2 absorvido por grama de carbono.

4.Tamanho da malha: A compra de grãos de carvão ativado tem uma dimensão de malha que mede a gama de partículas do produto granular, normalmente indicada como aberturas de peneira no material de carvão ativado.

5.Número de abrasão: A medida da capacidade do pó de carvão ativado também se baseia na resistência à abrasão. Este importante fator ajuda a determinar a durabilidade do produto de carvão ativado nas aplicações.

6.Nível de cinzas: É a medida das variantes não carbonosas presentes num pó de carvão ativado, uma vez que todos os materiais de base têm uma certa consistência de cinzas que varia de material para material.

Propriedades do carvão vegetal

- **Propriedades físicas do carvão vegetal**

1) O carvão vegetal existe num estado sólido amorfo. 2. a cor do pó de carvão vegetal é preta.

3) O carvão vegetal é um sólido poroso preto constituído por carbono. 4. é um composto de baixa densidade.

5. O carvão vegetal apresenta propriedades de baixa resistência mecânica.

6. A estrutura do carvão vegetal apresenta uma grande área de superfície.

7. O carvão vegetal actua como um bom absorvente. Absorve facilmente a humidade.

8. A elevada área de superfície do carvão vegetal e a sua elevada porosidade aumentam a contaminação do carvão vegetal por contacto acidental com o pó e o solo. Por conseguinte, é necessário tomar precauções durante o armazenamento.

- **Propriedades químicas do carvão vegetal**

1. O carvão vegetal é um composto com baixo teor de cinzas. Esta propriedade do carvão vegetal torna-o um produto de elevado valor.

2. Trata-se de um composto altamente combustível.

3. Apresenta uma elevada reatividade com o dióxido de carbono.

4. O carvão vegetal não é facilmente absorvido no trato gastrointestinal (GI) O carvão vegetal não é metabolizado no organismo.

5. O carvão vegetal é um composto com uma área de superfície elevada. Por isso, absorve os químicos no estômago.

6. O carvão vegetal retém os produtos químicos e transporta-os para fora do corpo sem permitir que sejam absorvidos pelo sangue.

Preparação de bio-adsorventes

1. O processo de preparação de bioadsorventes é um procedimento simples que envolve a recolha de resíduos biodegradáveis.
2. Os resíduos biodegradáveis que recolhemos são a palha de colza, a casca de arroz, o parthenium, a serradura e a casca de ovo.

3. Os resíduos são cuidadosamente limpos e secos ao sol.
4. O material seco é depois triturado em pó com a ajuda de um misturador elétrico. Os bioadsorventes em pó são armazenados em recipientes de plástico herméticos
5. Todos os materiais biossorventes em pó são mostrados abaixo.

CONCEPÇÃO DO RESERVATÓRIO:

1. Diâmetro do tanque 70 cm e altura 165 cm.
2. Capacidade do depósito 635 litros
3. Dividido em 4 câmaras com três filtros
4. 1st altura da câmara 35 cm
5. 2nd altura da câmara 35 cm
6. 3rd altura da câmara 55 cm
7. 4th altura da câmara 40 cm
8. No filtro superior são colocados agregados de diferentes tamanhos.
9. E no filtro de carvão do meio foram colocados

Figura 3.6: Tanque de filtragem

CONCEPÇÃO DE FILTROS:

Filtro de agregados:

As águas residuais são submetidas a uma filtração utilizando vários tamanhos de agregados grossos e finos num tanque de filtração com uma capacidade superior a 100 litros. A experiência utiliza métodos padronizados para avaliar o impacto do tamanho do agregado na remoção de sólidos suspensos e outras partículas.

O filtro de agregados foi concebido com diferentes tamanhos de agregados. A espessura do meio agregado é de cerca de 20 cm de altura e o diâmetro do meio agregado é de cerca de 60 cm.

Figura 3.7 (a): Filtro de areia **Figura 3.7 (b): Filtro de agregados**

Filtro de carvão vegetal:

Introduz uma camada de carvão ativado no fluxo de água, implementando condições controladas para avaliar as suas capacidades de adsorção e influência na qualidade da água. Os poluentes específicos visados nesta fase incluem compostos orgânicos e potenciais toxinas

O filtro de carvão vegetal foi concebido com diferentes tamanhos de carvão vegetal. A espessura do meio de carvão vegetal é de cerca de 20 cm de altura e o diâmetro do meio de carvão vegetal é de cerca de 60 cm.

Figura 3.8: Filtro de carvão ativado

Filtro biossorvente:

O foco passa para a esterilização utilizando bio sorventes derivados de pó de cascas de flores e frutos. A água é submetida a repetidos repatriamentos, misturada com uma solução de cascas de frutos e flores, agitada com a ajuda de um ventilador elétrico. Estes bio sorventes são escolhidos pela sua composição natural e pela sua potencial eficácia no combate aos contaminantes microbianos. Experiências controladas avaliam a eficácia dos bio sorventes na redução das cargas bacterianas e virais, contribuindo significativamente para a purificação global da água tratada. Esta fase alinha-se com o objetivo mais amplo de obter água microbiologicamente segura.

Após a conclusão do processo de filtração, é efectuada uma segunda série de testes à água filtrada. Estes testes pós-projeto visam avaliar a eficiência do sistema de filtração e quantificar a redução de poluentes conseguida através da abordagem em várias fases. Os resultados dos testes de água pré-projeto e pós-projeto são então comparados, fornecendo uma avaliação abrangente do impacto do projeto na qualidade da água.

Figura 3.9: Colocação da amostra

Recolha de amostras:

Um dos principais poluentes da água são os sulfatos, os nitratos, o amoníaco e a dureza. Para remover estes parâmetros, estamos a utilizar alguma flora e alguns materiais sólidos que recolhemos de diferentes locais.

Para testar e remover os sulfatos, nitratos, amoníaco e dureza, recolhemos a água dos locais abaixo mencionados: **Vuyyuru Sugar Factory** e **INCHEM Laboratories Pvt. LTD**.

Figura 3.10(a): Recolha da amostra

Figura 3.10(b): Recolha da amostra

Figura 3.11(a): Recolha de amostras

Figura 3.11(b): Recolha da amostra

PROCESSO DE FILTRAGEM

1. Inicialmente, os agregados e o carvão foram limpos com água potável.
2. Os agregados limpos que foram peneirados com crivos de 10 mm, 6,3 mm e 4,75 mm foram colocados na malha superior, com uma altura de 10 cm.
3. O carvão limpo foi colocado na segunda rede com uma altura de 10 cm.
4. Depois de colocar todos os materiais nas câmaras, a água que foi recolhida no laboratório foi vertida no tanque.
5. Devido à colocação de agregados e carvão, os metais em suspensão e alguns metais são removidos das águas residuais
6. Na última câmara, colocamos diferentes bio sorventes e carvão ativado, que são úteis para diminuir diferentes parâmetros.
7. Foi recolhida uma amostra de água filtrada e foram efectuados os testes necessários.
8. Repetir o procedimento para o número de ciclos.

Figura 3.12: Colocação da amostra

Exigência de aparelhos para ensaios químicos:

1. balão volumétrico 2. frascos de medição
3. Copos
4. Balão cónico
5. Bureta
6. Máquina de pesagem
7. Agitador rotativo pesado
8. Papel de filtro
9. Medidor de pH digital 10. Incubadora 11. Banho-maria

PROCEDIMENTOS DE ENSAIO:

Procedimento para o pH:

1. Calibrar o(s) elétrodo(s) com duas soluções-tampão padrão de pH 4,0 e 9,2. (Uma solução tampão é uma solução que oferece resistência à variação do pH e cujo valor de pH é conhecido).
2. A temperatura da amostra é determinada ao mesmo tempo e é introduzida no medidor para permitir uma correção da temperatura.
3. Enxaguar bem o(s) elétrodo(s) com água desionizada destilada e limpar cuidadosamente com um lenço de papel. 4. Mergulhar os eléctrodos na solução de amostra, agitar a solução e esperar até um minuto para obter uma leitura estável. Um medidor de pH com uma leitura de ± 0,1 p unidade será adequado para este tipo de trabalho.

Procedimento para a turvação:

1. Ligar o turbidímetro nefelométrico e aguardar alguns minutos até aquecer.
2. Regular o instrumento para 100 na escala com uma suspensão padrão de 40 NTU. Neste caso, cada divisão na escala será igual a 0,4 NTU de turvação.
3. Agitar bem a amostra e mantê-la durante algum tempo para eliminar as bolhas de ar.
4. Colher a amostra no tubo de amostragem do nefelómetro, colocá-la na câmara de amostragem e determinar o valor na escala.
5. Diluir a amostra com água sem turvação e efetuar novamente a leitura da turvação.

Procedimento para a condutividade

1. Calibrar a célula com uma solução padrão de KCI 0,1N de condutividade 14,12 mmhos a 30°C.
2. Lavar bem a célula com água destilada desionizada e limpar cuidadosamente com um papel absorvente.

3. Mergulhar a célula na solução de amostra, agitar a solução e esperar até 1 minuto para obter uma leitura estável.

4. Anotar a leitura do instrumento e também a temperatura com um termómetro.

Procedimento para o cloreto

1. Colocar 20 ml de amostra num erlenmeyer. Adicionar 1 ml de cromato de potássio ao erlenmeyer.

2. Encher a bureta com a solução de nitrato de prata. Titular agora a amostra com o nitrato de prata.

3. Titular até que a cor amarela se transforme numa cor vermelha salobra. Repetir o processo acima até obter duas leituras consecutivas.

A quantidade de cloretos é obtida a partir da seguinte fórmula

$$Chlorides\left(\frac{mg}{l}\right)=\left(\frac{volume\ of\ AgNO_3 \times 35.46 \times Normality \times 1000}{Volume\ of\ sample\ taken}\right)$$

Procedimento para fluoretos

Colocar 5 ml de amostra de água no tubo de ensaio. Agitar bem o Reagente de Fluoreto-1 (F-1) e, em seguida, adicionar 5 gotas à amostra de água. Misturar o conteúdo.

A cor que se forma é comparada com a tabela de cores de fluoreto e regista-se o valor de fluoreto.

Procedimento para os nitratos

Adicionar uma pitada de reagente para nitratos - 1 (NA-1) e agitar a solução durante 5 minutos. Colocar 10 ml de amostra de água no tubo de ensaio. Deixar repousar durante alguns minutos e decantar a solução sobrenadante (cerca de 5 ml) para outro tubo de ensaio. De seguida, adicionar 3 gotas de reagente de nitrato -2 (NA-2) à solução sobrenadante e misturar bem. Aguardar 5 minutos, agitando ocasionalmente. A cor final formada é comparada com a tabela de cores do nitrato e regista-se o valor do nitrato.

Procedimento para o amoníaco

Colocar 5 ml de amostra de água no tubo de ensaio. Adicionar 5 gotas de reagente de amónio - 1 (NH-1) e misturar bem. A cor que se forma é imediatamente comparada com a tabela de cores do amónio e regista-se o valor do amónio.

Procedimento para os fosfatos

Colocar 5 ml de amostra de água no tubo de ensaio. Adicionar 5 gotas de reagente para fosfatos-1 (PR-1) e 1 gota de reagente para fosfatos-2 (PR-2). Misturar o conteúdo e esperar 2-3 minutos para que a cor se desenvolva. A cor formada é comparada com a tabela de cores dos fosfatos e regista-se o valor de fosfato.

Procedimento para o ferro

Colocar 5 ml de amostra de água no tubo de ensaio. Adicionar 5 gotas de reagente de ferro-1 (Fe-1) e 1 gota de reagente de ferro-2 (Fe-2). Misturar e adicionar 5 gotas de reagente de ferro-3 (Fe-3). Misturar o conteúdo e aguardar 2-3 minutos para que a cor se desenvolva. A cor que se forma é comparada com a tabela de cores do ferro e regista-se o valor do ferro.

Procedimento para a dureza

1. Colher 100 ml de amostra bem misturada num erlenmeyer
2. Adicionar 1-2 ml de solução tampão seguido de 1 ml de inibidor
3. Adicionar 2 gotas de Erio Chrome black T e ajustar com EDTA padrão (0,01M) até que a cor vermelho-vinho mude para azul.
4. Anotar o volume de EDTA necessário (A).
5. Efetuar um branco de reagente se o tampão não for verificado corretamente. Anotar o volume de EDTA necessário para o branco (B).
6. Calcular o volume de EDTA necessário para a amostra (A-B)

Cálculos:

$$\text{Total hardness } \left(\frac{mg}{l}\right) \text{ as CaCO3} = \left(\frac{(A- \ )\times 1000}{Volume\ of\ sample\ taken}\right)$$

Procedimento para a remoção de sulfatos

1. Colher 125 ml de amostra num copo de 400 ml.
2. Adicionar 5 ml de cloreto de hidroxilamina e, em seguida, adicionar 10 ml de cloridrato de benzidina. 3. agitar vigorosamente a mistura e deixar o precipitado depositar-se.
4. Filtrar a solução e lavar o copo e o papel de filtro com água destilada fria.
5. Perfurar o papel de filtro no funil e lavar o precipitado formado no papel de filtro para o copo original com 100 a 150 ml de água destilada.
6. Aquecer o copo para dissolver o conteúdo durante 20 a 30 minutos.
7. Adicionar 2 gotas do indicador fenolftaleína e titular com NaOH 0,05N até ao desenvolvimento da cor rosa.

Procedimento para os cloretos:

1. Colocar 100 ml de amostra num erlenmeyer.
2. Ajustar o seu pH entre 7,0 e 8,0 com ácido sulfúrico ou solução de hidróxido de sódio. Caso contrário, forma-se AgOH a um nível de pH elevado ou o CrO2 é convertido em Cr2072 a níveis de pH baixos.
3. Adicionar 1 ml de cromato de potássio para obter uma cor amarela clara.
4. Titular com solução-padrão de nitrato de prata até a cor mudar de amarelo para vermelho-tijolo.
5. Registar o volume de nitrato de prata adicionado (A).
6. Se for adicionada uma maior quantidade de cromato de potássio, O Ag2CrO4 pode formar-se demasiado cedo ou não o suficiente. 7. Para uma maior exatidão, titular a água destilada da mesma forma.
7. Registar o volume de nitrato de prata adicionado à água destilada (B).

Procedimento para a alcalinidade:

1. Colher 20 ml da amostra num erlenmeyer de concentração 15gr/L
2. Encher a bureta com $H_2 SO_4$ solução de 0,02 de normalidade.
3. Adicionar algumas gotas de indicador de fenolftaleína.
4. Anotar a leitura inicial na escala da bureta. Titular contra H_2SO_4 até ao desaparecimento da cor rosa.
5. Anotar a leitura do ponto final e obter o volume de H2SO4 utilizado em ml (P).
6. Adicionar 1-3 gotas de alaranjado de metilo no mesmo frasco de amostra.
7. Titular até ao aparecimento de uma cor laranja clara.
8. Anotar a leitura final e determinar o volume de H2SO4 utilizado.
9. Repetir os passos da utilização da amostra para obter o valor concordante (valor concordante II).
10. Calcular a alcalinidade total da amostra utilizando a seguinte fórmula

Cálculos:

1.Phenolphthalein alkalinity (P)$\left(\frac{mg}{l}\right) = \frac{V2 \times Normality\ of\ H2S04 \times 1000 \times 50}{volome\ of\ sample\ taken}$

2. Total alkalinity (T)$\left(\frac{mg}{l}\right) = \frac{V_2 \times Normality\ of\ H_2S0_4 \times 1000 \times 50}{volome\ of\ sample\ taken}$

Procedimento de controlo da acidez:

1. Colocar 100 ml da amostra num Erlenmeyer.
2. Adicionar 1 gota de solução de tiossulfato de sódio 0,1N para remover o cloro residual, se presente.

3. Adicionar 2 gotas de alaranjado de metilo. A amostra fica cor-de-rosa.
4. Prosseguir a titulação até que a cor mude para amarelo.
5. Anotar o volume de NaOH adicionado (V).
6. Tomar outro erlenmeyer com 100 ml de amostra de água e adicionar 2 ou 3 gotas de fenolftaleína.
7. Prosseguir a titulação até a amostra ficar cor-de-rosa.
8. Anotar o volume total de NaOH adicionado (V{2}).

Cálculos:

1. Acidity $\left(\frac{mg}{l}\right) = \frac{V2 \times 1000}{volome\ of\ sample\ taken}$

Procedimento para o TDS

1. Retire a tampa da parte inferior do aparelho de teste e, em seguida, ligue a unidade premindo o botão de ligar/desligar. O visor deve apresentar a indicação 000.
2. Insira a ponta do aparelho de teste (a extremidade onde estava a tampa) na água a ser testada. Uma profundidade de cerca de meio centímetro é suficiente. Se o submergir demasiado, o aparelho fica estragado.
3. Leia os números no ecrã. O número que vê é o TDS (Total de Sólidos Dissolvidos) da água expresso em PPM (partes por milhão).
4. O botão Hold (Manter) e o botão Temp (Temperatura) são funcionalidades de que provavelmente não vai precisar. O botão Hold bloqueia o número no ecrã para que não desapareça e o botão Temp mede a temperatura da água.
5. Quando terminar, desligue o aparelho de teste.

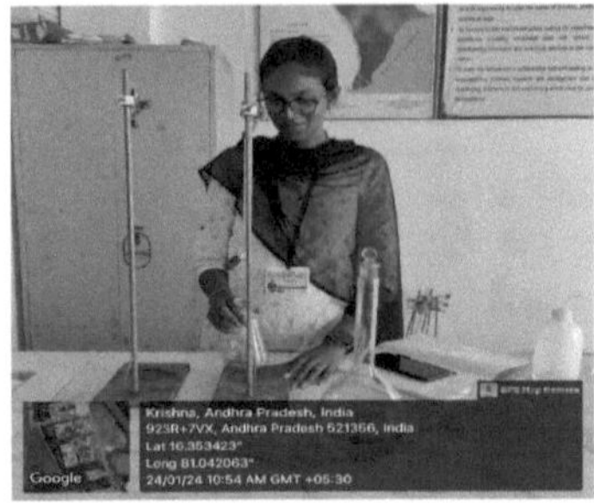

Figura 3.13(a): Máquina rotativa

Ensaio de cloretosFigura 3.13(b):

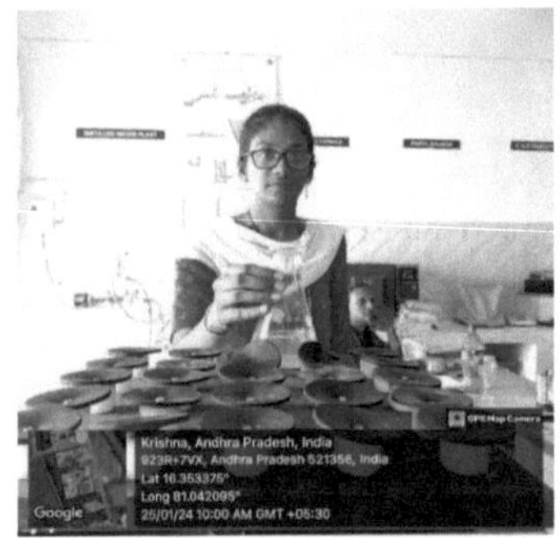

Figura 3.13(c): Ensaio de sulfatos fosfatos

Figura 3.13(d): Ensaio do amoníaco e dos

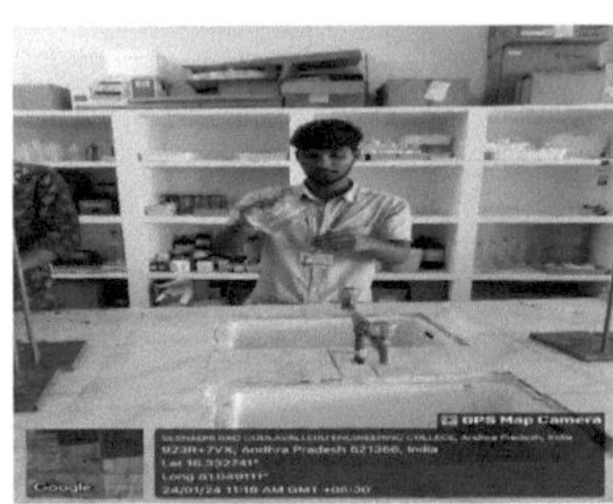

Figura 3.13(e): nitritos e nitratos

Kits de testeFigura 3.13(f): Teste de

CAPÍTULO 4

RESULTADOS

GERAL

Este capítulo inclui os resultados obtidos a partir das experiências efectuadas para a remoção de parâmetros químicos. Ciclos de filtração e bio sorventes que são melhores na remoção de parâmetros químicos. Os resultados são apresentados sob a forma de gráficos para uma melhor e mais fácil compreensão.

recolha de amostras e processo de filtragem

Um dos principais poluentes da água são os sulfatos, os nitratos, o amoníaco e a dureza. Para remover estes parâmetros, estamos a utilizar alguma flora e alguns materiais sólidos que recolhemos de diferentes locais.

Para testar e remover os sulfatos, nitratos, amoníaco e dureza, tivemos de recolher a água do local mencionado, a **Fábrica de Açúcar Vuyyuru**.

: 1 ciclo:

As águas residuais são submetidas a uma filtração utilizando vários tamanhos de agregados grossos e finos num tanque de filtração com uma capacidade superior a 100 litros. A experiência utiliza métodos padronizados para avaliar o impacto do tamanho do agregado na remoção de sólidos suspensos e outras partículas.

O filtro de agregados foi concebido com diferentes tamanhos de agregados. A espessura do meio agregado é de cerca de 20 cm de altura e o diâmetro do meio agregado é de cerca de 60 cm.

: 2 ciclo:

Introduz uma camada de carvão ativado no fluxo de água, implementando condições controladas para avaliar as suas capacidades de adsorção e influência na qualidade da água. Os poluentes específicos visados nesta fase incluem compostos orgânicos e potenciais toxinas

O filtro de carvão vegetal foi concebido com diferentes tamanhos de carvão vegetal. A espessura do meio de carvão vegetal é de cerca de 20 cm de altura e o diâmetro do meio de carvão vegetal é de cerca de 60 cm.

Quadro 4.1

AGREGADOS (20cm de altura) E CARVÃO (10cm de altura)

Lista de testes	Amostra em bruto (mg/l)	1º Ciclo (mg/l)	2º Ciclo (mg/l)
PH	7.38	8.18	8.01
Turbidez	17,7 NTU	58,4 NTU	58,4 NTU
Condutividade	1,22 μS	1,89 μS	1,42 μS
Fluoretos	0	0	0
Amoníaco	3	3	3
Fosfato	0	0	0
Nitrato	5	5	5
Nitritos	0.5	0.5	0.5
Ferro	5	5	5
Sulfatos	435.84	518.4	257.28
Acidez	120	0	75
Alcalinidade	190	50	50
Cloretos	437.48	477.48	292.49
Dureza	605	350	285
TDS	8.5	32	32

- **pH**

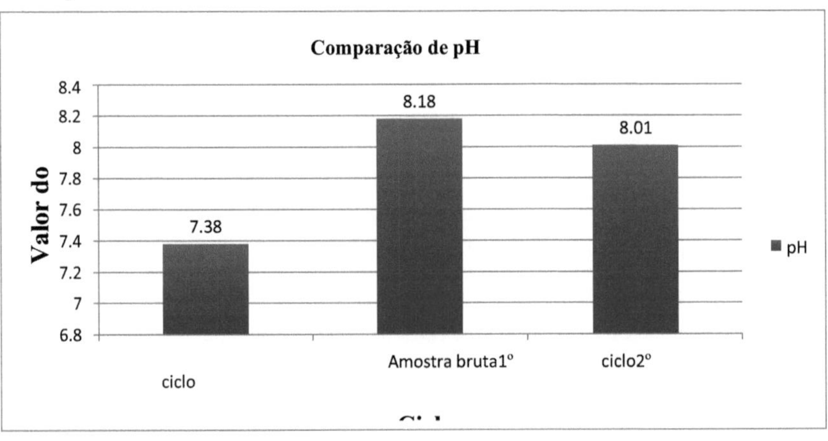

Figura 4.1.1: Comparação de pH

A partir dos resultados da tabela e do gráfico, observámos que a alteração do pH através da utilização de agregado e filtração por carvão é de 7,38 para a água de esgoto, 8,18 no primeiro ciclo e 8,01 no segundo ciclo.

➢ **Turbidity**

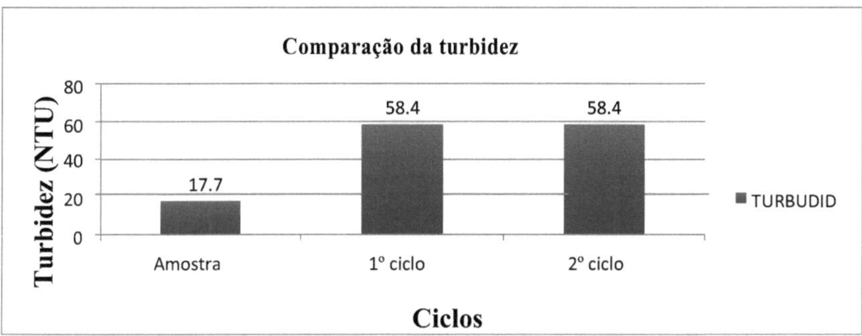

Figura 4.1.2: Comparação da Turbidez

A partir dos resultados da tabela e do gráfico, observámos que a alteração da turvação com a utilização de agregado e filtração por carvão é de 17,7 NTU para a amostra de águas residuais 58,4 NTU no primeiro ciclo e 58,4 NTU no segundo ciclo.

➢ **Condutividade**

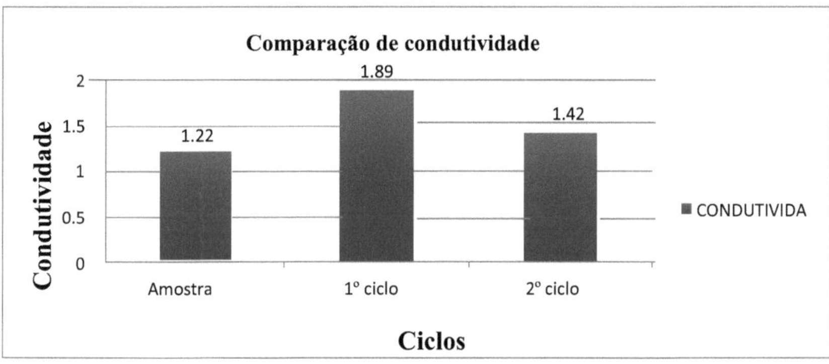

Figura 4.1.3: Comparação da condutividade

A partir dos resultados da tabela e do gráfico, observámos que a alteração da condutividade utilizando a filtração com agregado e carvão é de 1,22 μS para a amostra de águas residuais, 1,89 μS no primeiro ciclo e 1,42 μS no segundo ciclo.

➢ **Fluoretos**

A partir dos resultados da tabela, observámos a alteração dos fluoretos através da utilização de agregados e da filtração com carvão, não se verificando qualquer alteração nos fluoretos, que se mantêm a 0 mg/l.

➢ **Ammonia**

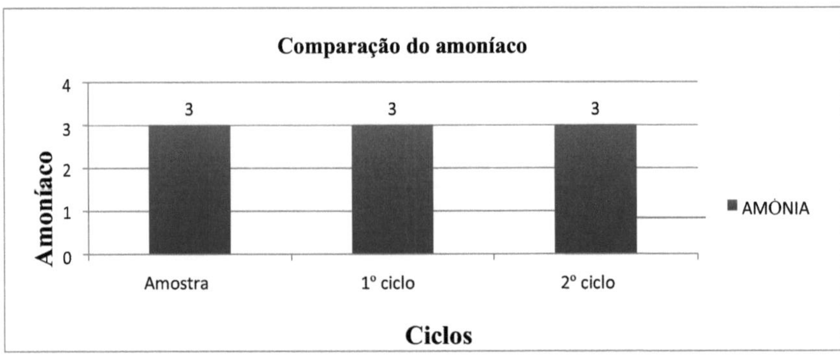

Figura 4.1.4: Comparação do amoníaco

A partir dos resultados da tabela e do gráfico, observámos a alteração do amoníaco através da utilização de agregados e da filtragem com carvão, não se verificando qualquer alteração no amoníaco, que permanece a 3 mg/l.

➢ **Fosfato**

A partir dos resultados do gráfico, observamos a mudança de fosfato usando agregado e filtração de carvão, não há mudança no fosfato, ele permanece 0 mg \ l.

➢ **Nitrato**

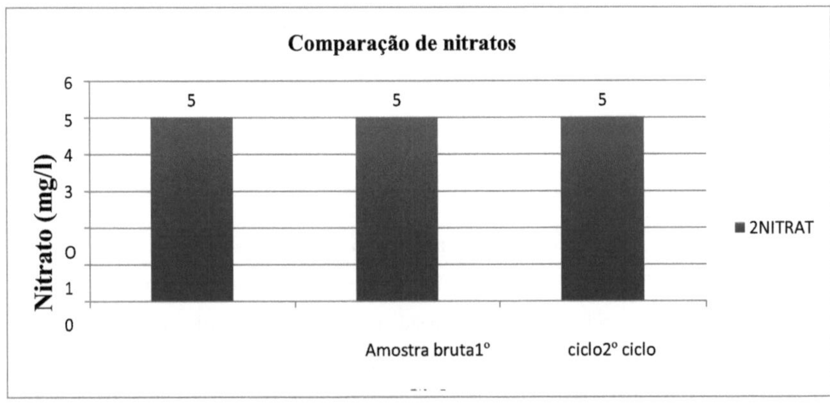

Figura 4.1.5: Comparação de nitratos

A partir dos resultados da tabela e do gráfico, observámos a alteração do nitrato através da utilização de agregados e da filtração com carvão, não se verificando qualquer alteração no nitrato, que permanece a 5 mg/l.

➢ **Nitritos**

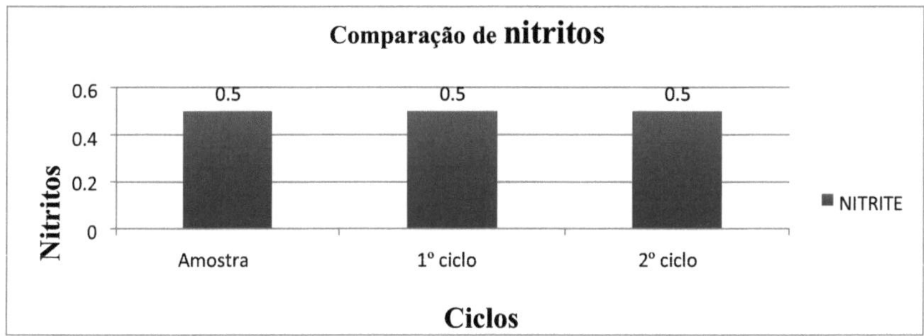

Figura 4.1.6: Comparação de nitritos

A partir dos resultados da tabela e do gráfico, observámos a alteração dos nitritos através da utilização de agregados e da filtragem com carvão, não se verificando qualquer alteração dos nitritos, que se mantêm a 0,5 mg/l.

➢ **Ferro**

Figura 4.1.7: Comparação do ferro

A partir dos resultados da tabela e do gráfico, observámos a alteração do ferro através da utilização de agregados e da filtração com carvão, não se verificando qualquer alteração no ferro, que continua a ser de 5 mg/l.

➢ **Sulfatos**

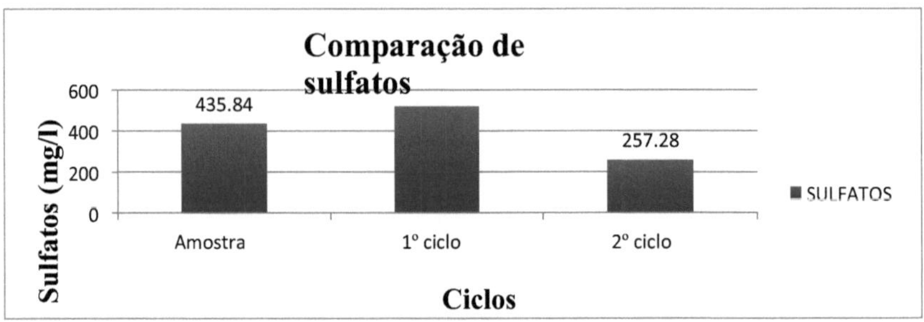

Figura 4.1.8: Comparação de sulfatos

A partir dos resultados da tabela e do gráfico, observámos que a alteração dos sulfatos com a utilização de agregados e filtração com carvão é de 518,4 mg/l no primeiro ciclo e de 257,28 mg/l no segundo ciclo.

➢ **Acidez**

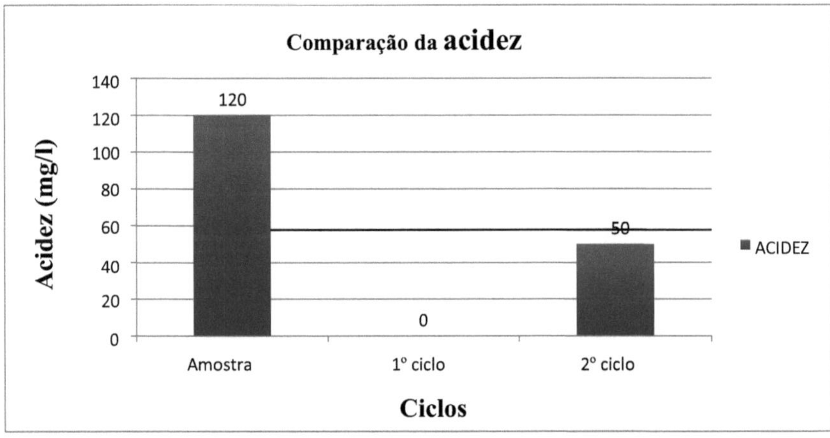

Figura 4.1.9: Comparação da acidez

A partir dos resultados da tabela e do gráfico, observámos que a alteração da acidez com a utilização de agregado e filtração por carvão é de 0 mg/l no primeiro ciclo e de 50 mg/l no segundo ciclo.

➢ **Alcalinidade**

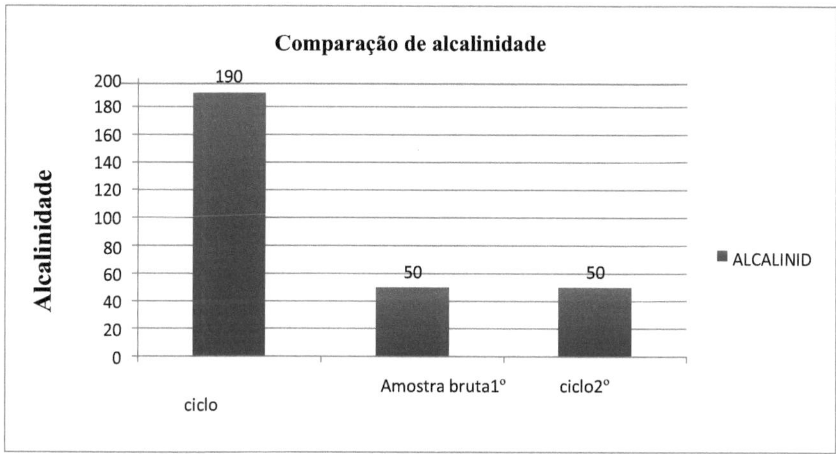

Figura 4.1.10: Comparação da alcalinidade

A partir dos resultados da tabela e do gráfico, observámos que a alteração da alcalinidade com a utilização de agregados e filtração com carvão é de 50 mg/l no primeiro ciclo e de 50 mg/l no segundo ciclo.

➢ **Chlorides**

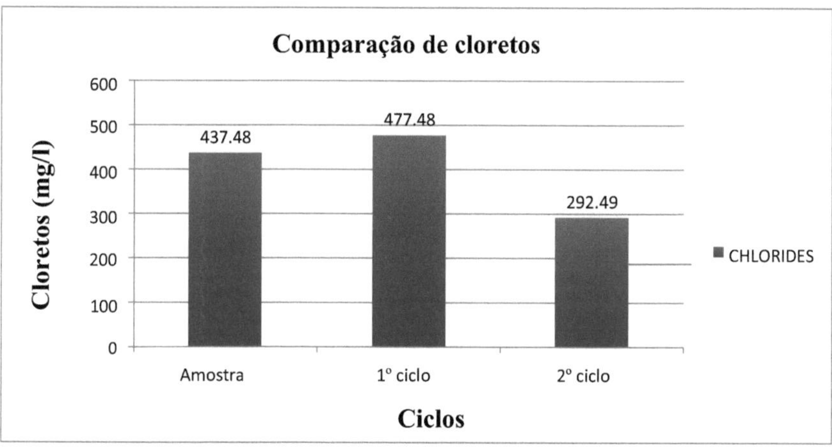

Figura 4.1.11: Comparação de cloretos

A partir dos resultados da tabela e do gráfico, observámos que a alteração dos cloretos com a utilização de agregados e filtração por carvão é de 477,48 mg/l no primeiro ciclo e de 292,49 mg/l no segundo ciclo.

➢ **Hardness**

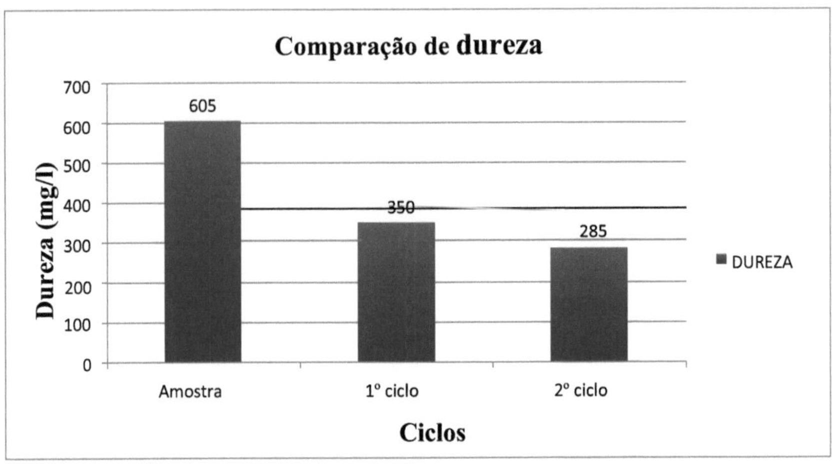

Figura 4.1.12: Comparação da dureza

A partir dos resultados da tabela e do gráfico, observámos que a alteração da dureza com a utilização de agregados e filtração por carvão é de 350 mg/l no primeiro ciclo e de 285 mg/l no segundo ciclo.

➢ **TDS**

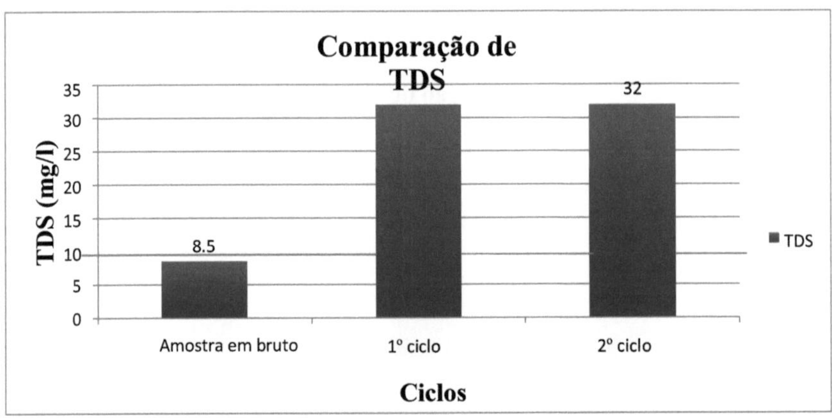

Figura 4.1.13: Comparação de TDS

A partir dos resultados da tabela e do gráfico, observámos que a alteração de TDS com a utilização de agregados e filtração por carvão é de 32 mg/l no primeiro ciclo e de 32 mg/l no segundo ciclo.

Recolha de amostras e processo de filtragem

Um dos principais poluentes da água são os sulfatos, os nitratos, o amoníaco e a dureza. Para remover estes parâmetros, estamos a utilizar alguma flora e alguns materiais sólidos que recolhemos de diferentes locais.

Para testar e remover os sulfatos, os nitratos, o amoníaco e a dureza, tivemos de recolher a água do local mencionado **INCHEM Laboratories Pvt. LTD**.

Filtragem de agregados:

As águas residuais são submetidas a uma filtração utilizando vários tamanhos de agregados grossos e finos num tanque de filtração com uma capacidade superior a 100 litros. A experiência utiliza métodos padronizados para avaliar o impacto do tamanho do agregado na remoção de sólidos suspensos e outras partículas.

O filtro de agregados foi concebido com diferentes tamanhos de agregados. A espessura do meio agregado é de cerca de 20 cm de altura e o diâmetro do meio agregado é de cerca de 60 cm.

: Filtragem por carvão vegetal:

Introduz uma camada de carvão ativado no fluxo de água, implementando condições controladas para avaliar as suas capacidades de adsorção e influência na qualidade da água. Os poluentes específicos visados nesta fase incluem compostos orgânicos e potenciais toxinas

O filtro de carvão vegetal foi concebido com diferentes tamanhos de carvão vegetal. A espessura do meio de carvão vegetal é de cerca de 20 cm de altura e o diâmetro do meio de carvão vegetal é de cerca de 60 cm. **4.3.3: Filtração com biossorvente:**

O foco passa para a esterilização utilizando bio sorventes derivados de pó de cascas de flores e frutos. A água é submetida a repetidos repatriamentos, misturada com uma solução de cascas de frutos e flores, agitada com a ajuda de um ventilador elétrico. Estes bio sorventes são escolhidos pela sua composição natural e pela sua potencial eficácia no combate aos contaminantes microbianos. Experiências controladas avaliam a eficácia dos bio sorventes na redução das cargas bacterianas e virais, contribuindo significativamente para a purificação global da água tratada. Esta fase alinha-se com o objetivo mais amplo de obter água microbiologicamente segura.

Quadro 4.2

CANA-DE-AÇÚCAR(1Kg) e MARIGOLD(1Kg)

Lista de testes	Amostra química (mg/l)	1º Ciclo (mg/l)	2º Ciclo (mg/l)	3º Ciclo (mg/l)	4º Ciclo (mg/l)
PH	2.49	2.84	2.86	3.8	4.1
Turbidez	397 NTU	306 NTU	298 NTU	290 NTU	283 NTU
Condutividade	35,49 μS	33,94 μS	32,7 μS	32,3 μS	31,9 μS
Fluoretos	1.5	1.5	1.5	1	1
Amoníaco	1	3	3	3	3
Fosfato	0.5	0.5	0	0.5	0.5
Nitrato	5	0	0	0	0
Nitritos	0	0	0	0	0
Ferro	5	5	5	5	5
Sulfatos	101.76	38.4	36.4	105.6	92.16
Acidez	3950	3450	3300	3700	2950
Alcalinidade	1500	100	100	150	125
Cloretos	2675 D	2299.93 D	2249.43 D	4667.36 D	3999.88 D
Dureza	2560 D	2550 D	2550 D	1000 D	1250 D
TDS	950	103.5	59	530	480

➢ **pH**

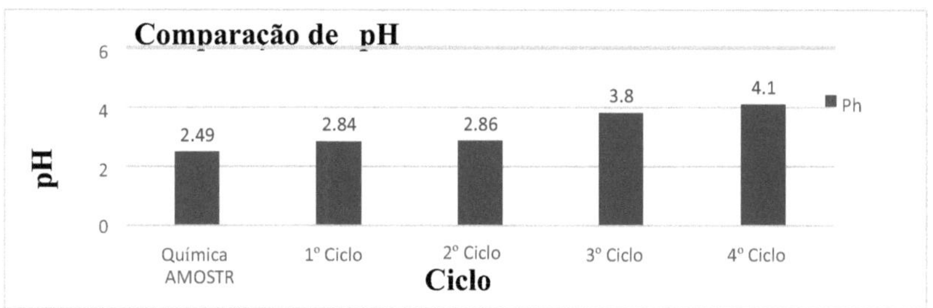

Figura 4.2.1: Comparação de pH

A partir dos resultados da tabela e do gráfico, observámos que a alteração do pH com a utilização de agregado, carvão e bio sorvente (cana-de-açúcar e calêndula) na filtração é de 2,49 para a amostra química, 2,84 no primeiro ciclo, 2,86 no segundo ciclo, 3,8 no terceiro ciclo e 4,1 no quarto ciclo.

➢ **Turbidez**

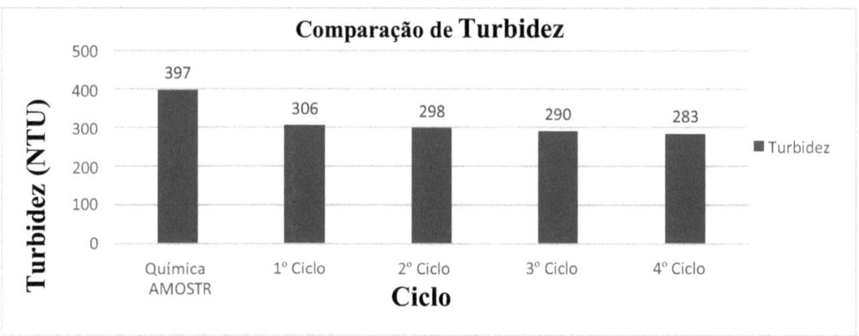

Figura 4.2.2: Comparação da Turbidez

A partir dos resultados da tabela e do gráfico, observámos que a alteração do pH com a utilização de agregado, carvão e bio sorvente (cana-de-açúcar e calêndula) na filtração é de 397 NTU para a amostra química, 306 no primeiro ciclo, 298 no segundo ciclo, 290 no terceiro ciclo e 283 no quarto ciclo.

> **Condutividade**

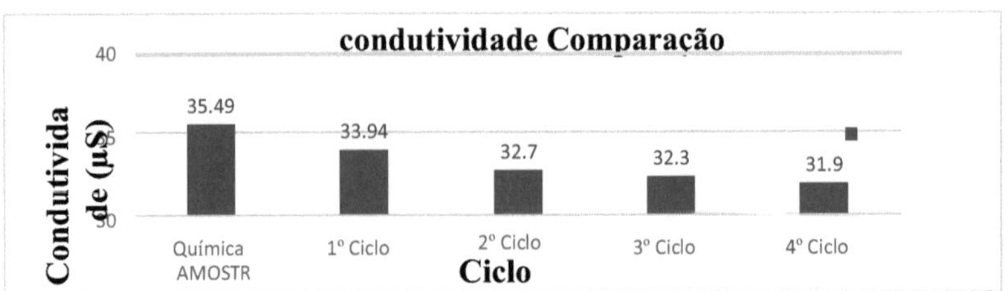

Figura 4.2.3: Comparação da condutividade

A partir dos resultados da tabela e do gráfico, observámos que a alteração da condutividade utilizando a filtração com agregado, carvão e bio sorvente (cana-de-açúcar e calêndula) é de 35,49 µS para a amostra química, 33,94 µS no primeiro ciclo, 32,7 µS no segundo ciclo, 32,3 µS no terceiro ciclo e 31,9 µS no quarto ciclo.

> **Fluoretos**

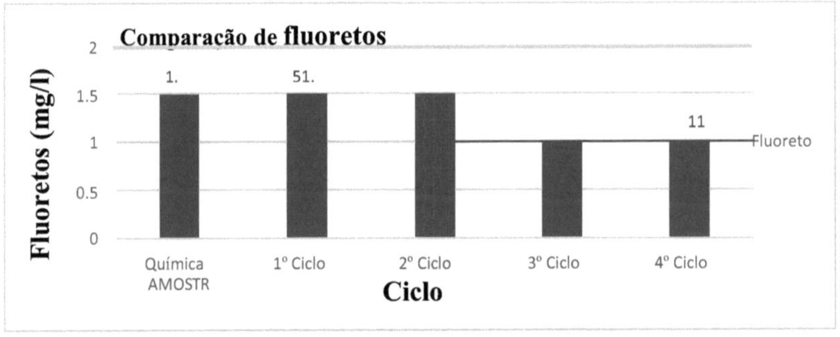

Figura 4.2.4: Comparação de fluoretos

A partir dos resultados da tabela e do gráfico, observámos que a alteração da condutividade utilizando a filtração com agregado, carvão e bio sorvente (cana-de-açúcar e calêndula) é de 1,5 mg/l para a amostra química, 1,5 mg/l no primeiro ciclo, 1,5 mg/l no segundo ciclo, 1 mg/l no terceiro ciclo e 1 mg/l no quarto ciclo.

- **Amoníaco**

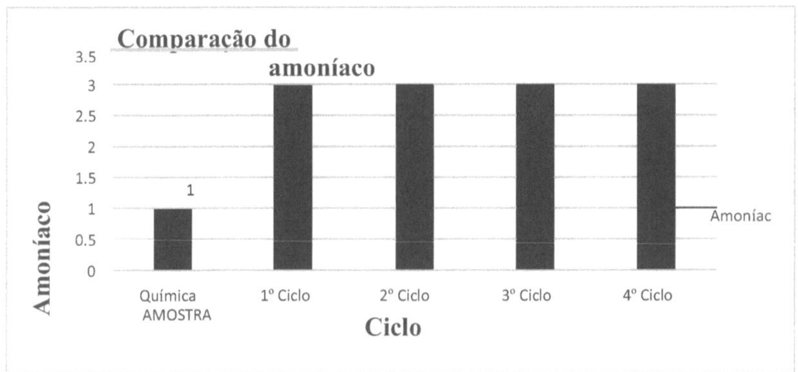

Figura 4.2.5: Comparação do amoníaco

A partir dos resultados da tabela e do gráfico, observámos que a alteração da condutividade com a utilização de agregado, carvão e bio sorvente (cana-de-açúcar e calêndula) na filtração é de 1 mg/l para a amostra química, 3 mg/l no primeiro ciclo, 3 mg/l no segundo ciclo, 3 mg/l no terceiro ciclo e 3 mg/l no quarto ciclo.

➢ **Fosfato**

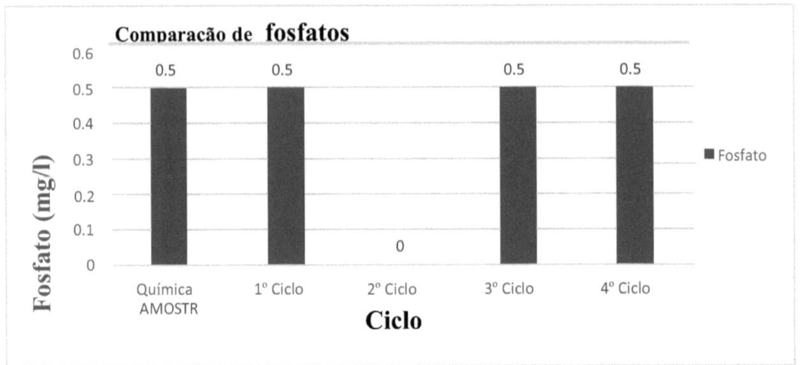

Figura 4.2.6: Comparação de fosfatos

A partir dos resultados da tabela e do gráfico, observámos que a alteração da condutividade com a utilização de agregado, carvão e bio sorvente (cana-de-açúcar e calêndula) na filtração é de 0,5 mg/l para a amostra química, 0,5 mg/l no primeiro ciclo, 0 mg/l no segundo ciclo, 0,5 mg/l no terceiro ciclo e 0,5 mg/l no quarto ciclo.

➢ **Nitrato**

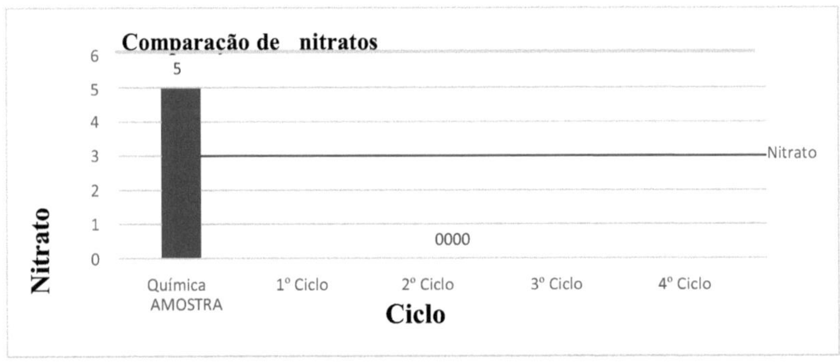

Figura 4.2.7: Comparação de nitratos

A partir dos resultados da tabela e do gráfico, observámos que a alteração da condutividade com a utilização de agregado, carvão e bio sorvente (cana-de-açúcar e calêndula) na filtração é de 5 mg/l para a amostra química, 0 mg/l no primeiro ciclo, 0 mg/l no segundo ciclo, 0 mg/l no terceiro ciclo e 0 mg/l no quarto ciclo.

➢ **Nitritos**

A partir dos resultados da tabela, observamos a mudança de nitrito usando agregado, carvão e bio sorvente (cana-de-açúcar e calêndula) filtração não há nenhuma mudança no nitrito que permanece 0 mg \ l.

➢ **Ferro**

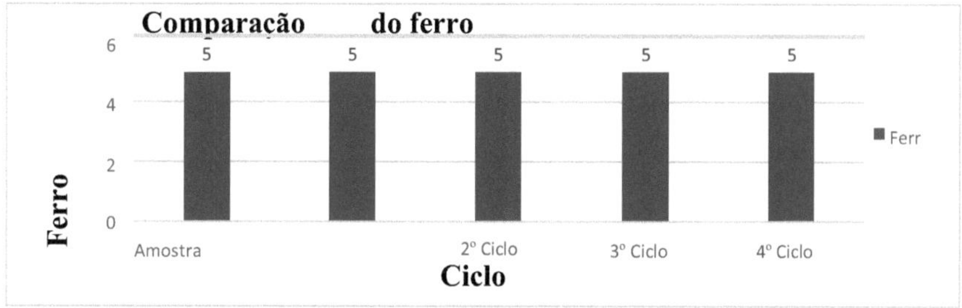

Figura 4.2.8: Comparação do ferro

A partir dos resultados da tabela e do gráfico, observámos a alteração do ferro com a utilização de agregado, carvão e bio sorvente (cana-de-açúcar e calêndula) na filtração, não se verificando qualquer alteração no ferro, que permanece
5 mg\l.

➢ **Sulfatos**

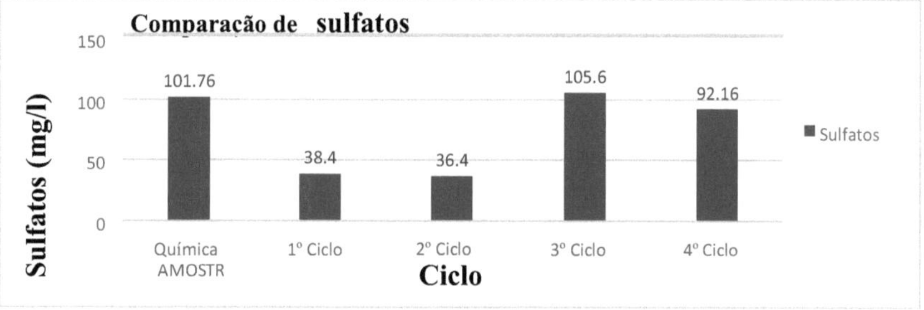

Figura 4.2.9: Comparação de sulfatos

A partir dos resultados da tabela e do gráfico, observámos que a alteração dos sulfatos através da filtração com agregado, carvão e bio sorvente (cana-de-açúcar e calêndula) é de 101,76 mg/l para a amostra química, 38,4 mg/l no primeiro ciclo, 36,4 mg/l no segundo ciclo, 105,6 mg/l no terceiro ciclo e 92,16 mg/l no quarto ciclo.

➢ **Acidez**

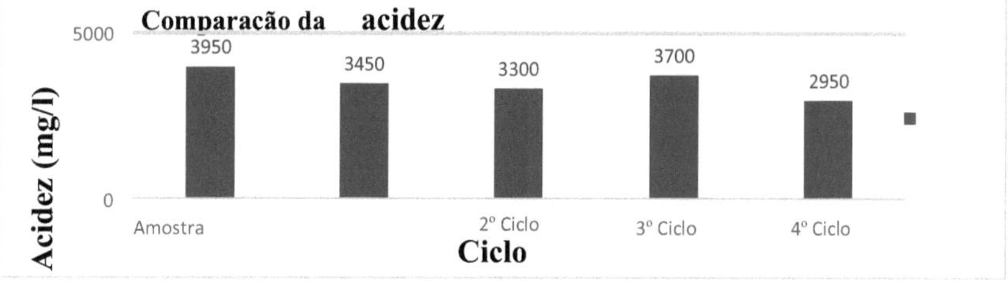

Figura 4.2.10: Comparação da acidez

A partir dos resultados da tabela e do gráfico, observámos que a alteração da acidez com a utilização de agregado, carvão e bio sorvente (cana-de-açúcar e calêndula) na filtração é de 3950 mg/l para a amostra química, 3450 mg/l no primeiro ciclo, 3300 mg/l no segundo ciclo, 3700 mg/l no terceiro ciclo e 2950 mg/l no quarto ciclo.

➢ **Alcalinidade**

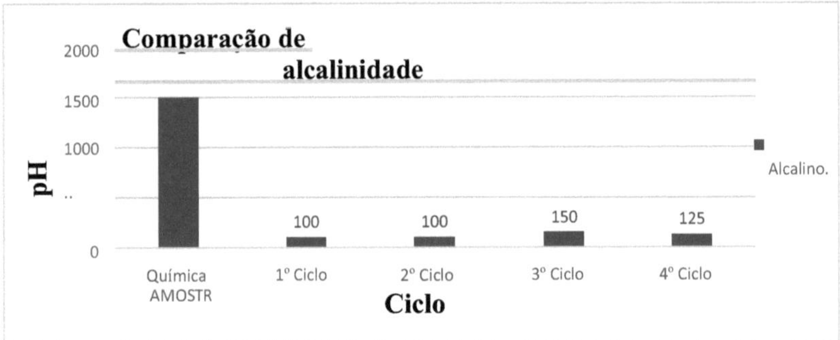

Figura 4.2.11: Comparação da alcalinidade

A partir dos resultados da tabela e do gráfico, observámos que a alteração da alcalinidade através da filtração com agregado, carvão e bio sorvente (cana-de-açúcar e calêndula) é de 1500 mg/l para a amostra química, 100 mg/l no primeiro ciclo, 100 mg/l no segundo ciclo, 150 mg/l no terceiro ciclo e 125 mg/l no quarto ciclo.

➢ **Cloretos**

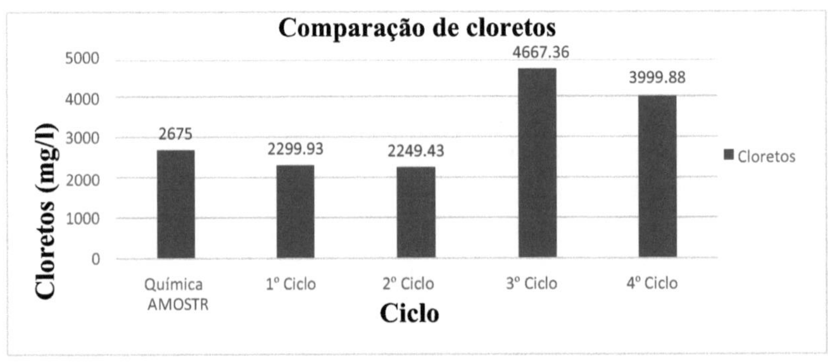

Figura 4.2.12: Comparação de cloretos

A partir dos resultados da tabela e do gráfico, observámos que a alteração dos cloretos através da filtração com agregado, carvão e bio sorvente (cana-de-açúcar e calêndula) é de 2675 mg/l para a amostra química, 2299,33 mg/l no primeiro ciclo, 2249,43 mg/l no segundo ciclo, 4667,36 mg/l no terceiro ciclo e 3999,88 mg/l no quarto ciclo.

➢ **Dureza**

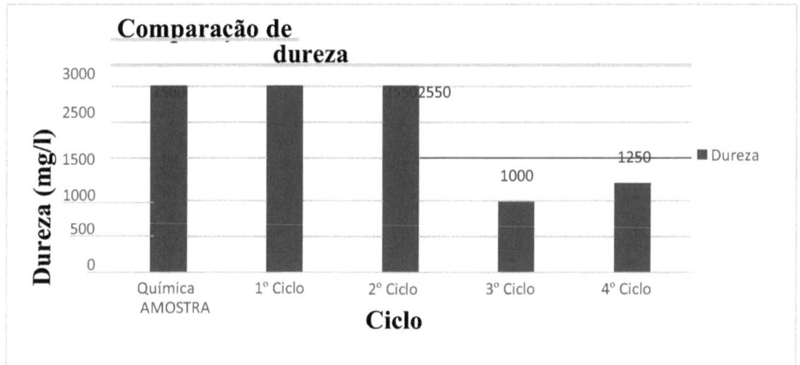

Figura 4.2.13: Comparação da dureza

A partir dos resultados da tabela e do gráfico, observámos que a alteração da dureza com a utilização de agregado, carvão e bio sorvente (cana-de-açúcar e calêndula) na filtração é de 2560 mg/l para a amostra química, 2550 mg/l no primeiro ciclo, 2550 mg/l no segundo ciclo, 1000 mg/l no terceiro ciclo e 1250 mg/l no quarto ciclo.

➢ **TDS**

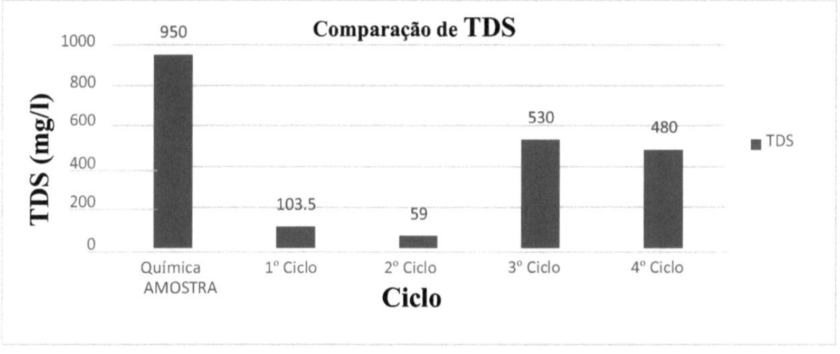

Figura 4.2.14: Comparação de TDS

A partir dos resultados da tabela e do gráfico, observámos que a alteração da condutividade utilizando a filtração com agregado, carvão e bio sorvente (cana-de-açúcar e calêndula) é de 950 mg/l para a amostra química,

103,5 mg/l no primeiro ciclo, 59 mg/l no segundo ciclo, 530 mg/l no terceiro ciclo e 480 mg/l no quarto ciclo.

recolha de amostras e processo de filtragem

Um dos principais poluentes da água são os sulfatos, os nitratos, o amoníaco e a dureza. Para remover estes parâmetros, estamos a utilizar alguma flora e alguns materiais sólidos que recolhemos de diferentes locais.

Para testar e remover os sulfatos, os nitratos, o amoníaco e a dureza, tivemos de recolher a água do local mencionado **INCHEM Laboratories Pvt. LTD**.

Filtragem de agregados:

As águas residuais são submetidas a uma filtração utilizando vários tamanhos de agregados grossos e finos num tanque de filtração com uma capacidade superior a 100 litros. A experiência utiliza métodos padronizados para avaliar o impacto do tamanho do agregado na remoção de sólidos suspensos e outras partículas.

O filtro de agregados foi concebido com diferentes tamanhos de agregados. A espessura do meio agregado é de cerca de 20 cm de altura e o diâmetro do meio agregado é de cerca de 60 cm.

: Filtragem por carvão vegetal:

Introduz uma camada de carvão ativado no fluxo de água, implementando condições controladas para avaliar as suas capacidades de adsorção e influência na qualidade da água. Os poluentes específicos visados nesta fase incluem compostos orgânicos e potenciais toxinas

O filtro de carvão vegetal foi concebido com diferentes tamanhos de carvão vegetal. A espessura do meio de carvão vegetal é de cerca de 20 cm de altura e o diâmetro do meio de carvão vegetal é de cerca de 60 cm. **4.4.3: Filtração com biossorvente:**

O foco passa para a esterilização utilizando bio sorventes derivados de pó de cascas de flores e frutos. A água é submetida a repetidos repatriamentos, misturada com uma solução de cascas de frutos e flores, agitada com a ajuda de um ventilador elétrico. Estes bio sorventes são escolhidos pela sua composição natural e pela sua potencial eficácia no combate aos contaminantes microbianos. Experiências controladas avaliam a eficácia dos bio sorventes na redução das cargas bacterianas e virais, contribuindo significativamente para a purificação global da água tratada. Esta fase alinha-se com o objetivo mais amplo de obter água microbiologicamente segura.

QUADRO -4.3

1º CICLO 5Kg de CARBONO ACTIVADO e 2º CICLO CANA-DE-AÇÚCAR

Lista de testes	Amostra química (mg/l)	1º Ciclo (mg/l)	2º Ciclo(mg/l)
PH	2.49	4.22	10.9
Turbidez	397 NTU	3,8 NTU	8 NTU
Condutividade	35,49 µS	36,32 µS	35,51 µS

Fluoretos	1.5	1	1.5
Amoníaco	1	3	3
Fosfato	0.5	0.5	0
Nitrato	5	0	5
Nitritos	0	0	0
Ferro	5	5	3
Sulfatos	101.76	170.04	19.2
Acidez	3950	3930	0
Alcalinidade	1500	52	125
Cloretos	2675 D	2000	1737 D
Dureza	2560 D	2250	1300 D
TDS	950	610	428

pH

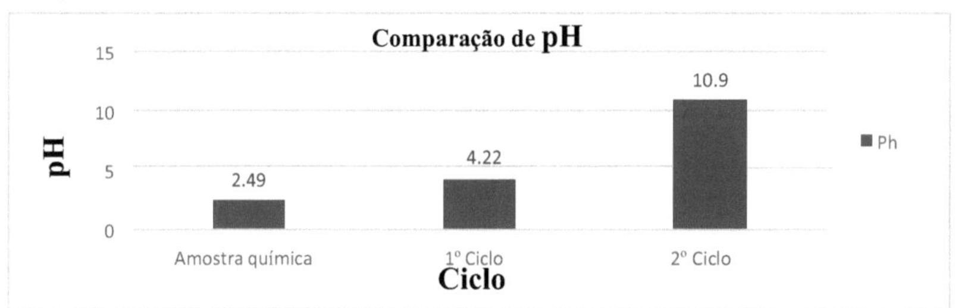

Figura 4.3.1: Comparação de pH

A partir dos resultados da tabela e do gráfico, observámos que a alteração do pH com a utilização de agregado, carvão e bio sorventes (carvão ativado e bagaço de cana de açúcar) na filtração é de 2,49 para a amostra química, 4,22 no primeiro ciclo e 10,9 no segundo ciclo.

➢ **Turbidez**

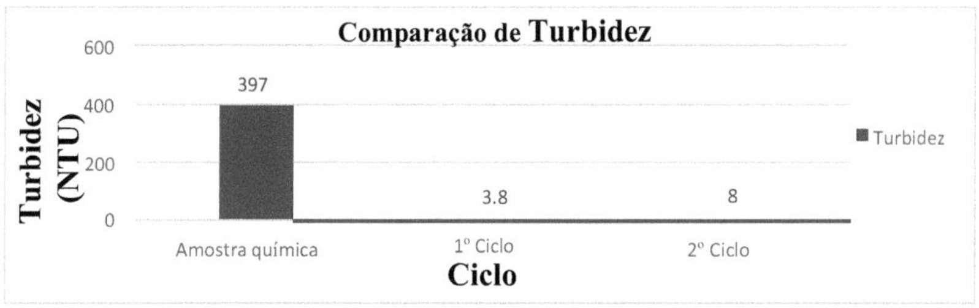

Figura 4.3.2: Comparação da Turbidez

A partir dos resultados da tabela e do gráfico, observámos que a alteração da turvação com a utilização de agregado, carvão e bio sorventes (carvão ativado e bagaço de cana de açúcar) é de 397 NTU para a amostra química, 3,8 NTU no primeiro ciclo e 8 NTU no segundo ciclo.

- **Condutividade**

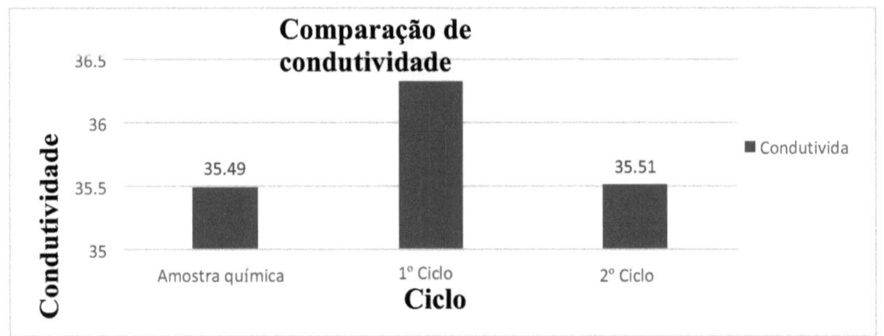

Figura 4.3.3: Comparação da condutividade

A partir dos resultados da tabela e do gráfico, observámos que a alteração do pH com a utilização de agregado, carvão e bio sorventes (carvão ativado e bagaço de cana de açúcar) na filtração é de 35,49 µS para a amostra química, 36,32 µS no primeiro ciclo e 35,51 µS no segundo ciclo.

- **Fluoretos**

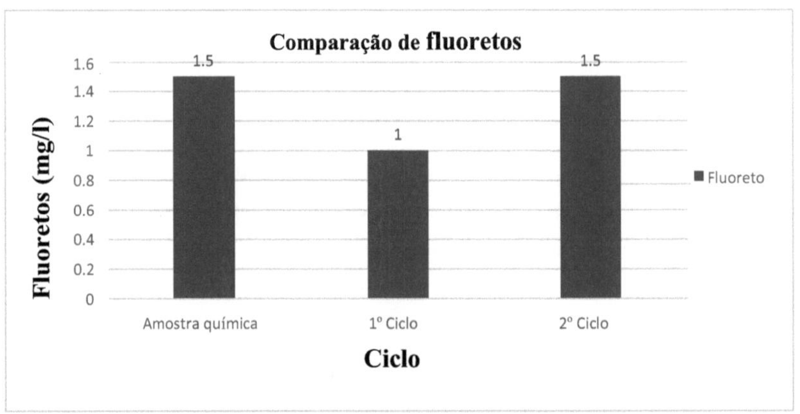

Figura 4.3.4: Comparação de fluoretos

A partir dos resultados da tabela e do gráfico, observámos que a alteração dos fluoretos com a utilização de agregado, carvão e bio sorventes (carvão ativado e bagaço de cana de açúcar) na filtração é de 1,5 mg/l para a amostra química, 1 mg/l no primeiro ciclo e 1,5 mg/l no segundo ciclo.

➢ **Amoníaco**

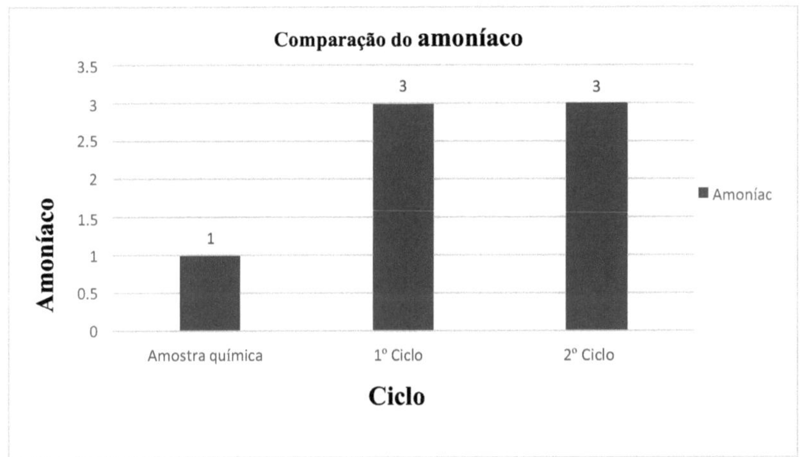

Figura 4.3.5: Comparação do amoníaco

A partir dos resultados da tabela e do gráfico, observamos que a alteração do amoníaco com a utilização de agregado, carvão e bio sorventes (carvão ativado e bagaço de cana de açúcar) na filtração é de 1 mg/l para a amostra química, 3 mg/l no primeiro ciclo e 3 mg/l no segundo ciclo.

➢ **Nitrato**

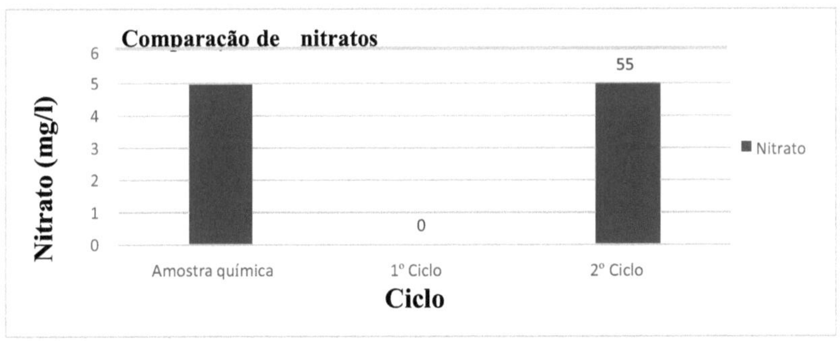

Figura 4.3.6: Comparação de nitratos

A partir dos resultados da tabela e do gráfico, observámos que a alteração do nitrato utilizando agregado, carvão e bio sorventes (carvão ativado e bagaço de cana de açúcar) na filtração é de 5 mg/l para a amostra química, 0 mg/l no primeiro ciclo e 5 mg/l no segundo ciclo.

➢ **Nitritos**

A partir dos resultados da tabela, observámos que a alteração de nitritos utilizando agregado, carvão e bio sorventes (carvão ativado e bagaço de cana de açúcar) na filtração é de 1,5 mg/l para a amostra química, 1 mg/l no primeiro ciclo e 1,5 mg/l no segundo ciclo.

- **Ferro**

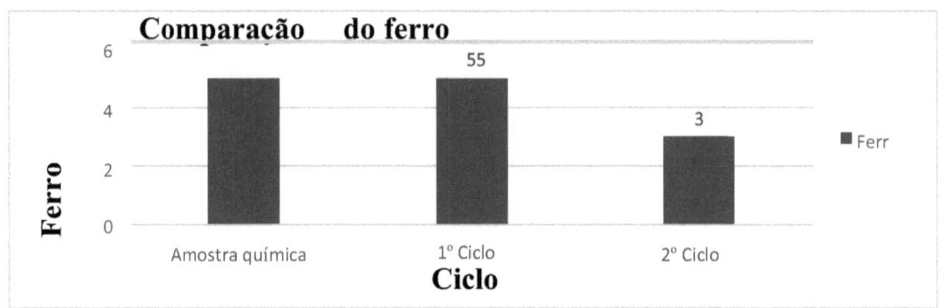

Figura 4.3.7: Comparação do ferro

A partir dos resultados da tabela e do gráfico, observámos que a alteração da filtragem utilizando agregado de ferro, carvão vegetal e bio sorventes (carvão ativado e bagaço de cana de açúcar) é de 5 mg/l para a amostra química, 5 mg/l no primeiro ciclo e 3 mg/l no segundo ciclo.

- **Sulfatos**

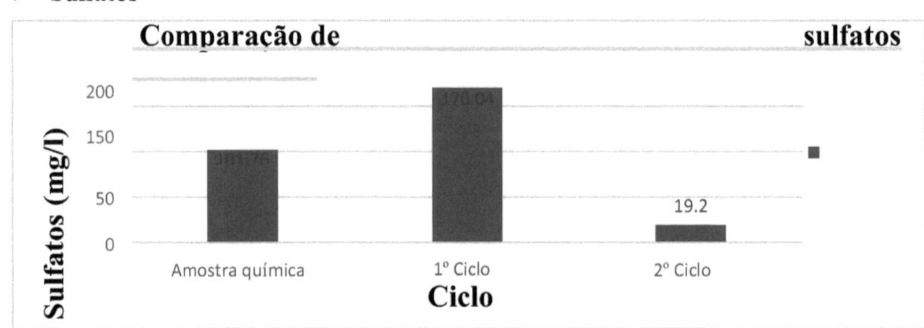

Figura 4.3.8: Comparação de sulfatos

A partir dos resultados da tabela e do gráfico, observámos que a alteração dos sulfatos utilizando agregado, carvão e bio sorventes (carvão ativado e bagaço de cana de açúcar) na filtração é de 101,76 mg/l para a amostra química, 170,04 mg/l no primeiro ciclo e 19,2 mg/l no segundo ciclo.

➢ **Acidez**

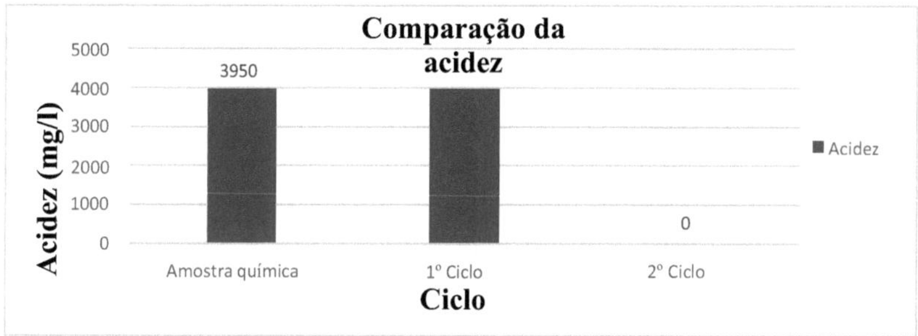

Figura 4.3.9: Comparação da acidez

A partir dos resultados da tabela e do gráfico, observámos que a alteração da acidez utilizando agregado, carvão e bio sorventes (carvão ativado e bagaço de cana de açúcar) na filtração é de 3950 mg/l para a amostra química, 3930 mg/l no primeiro ciclo e 0 mg/l no segundo ciclo.

➢ **Alcalinidade**

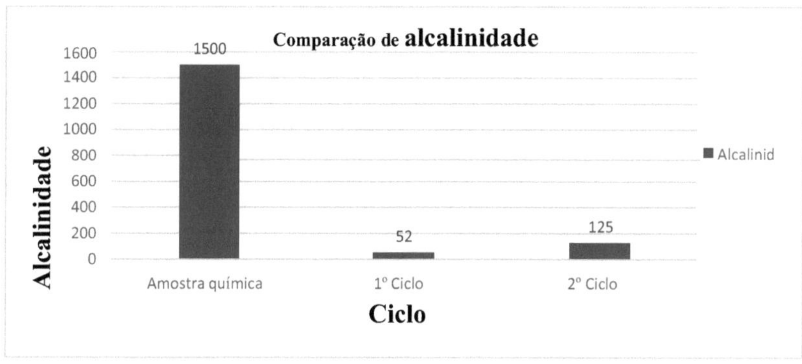

Figura 4.3.10: Comparação da alcalinidade

A partir dos resultados da tabela e do gráfico, observámos que a alteração da alcalinidade utilizando agregado, carvão e bio sorventes (carvão ativado e bagaço de cana de açúcar) na filtração é de 1500 mg/l para a amostra química, 52 mg/l no primeiro ciclo e 125 mg/l no segundo ciclo

➢ **Cloretos**

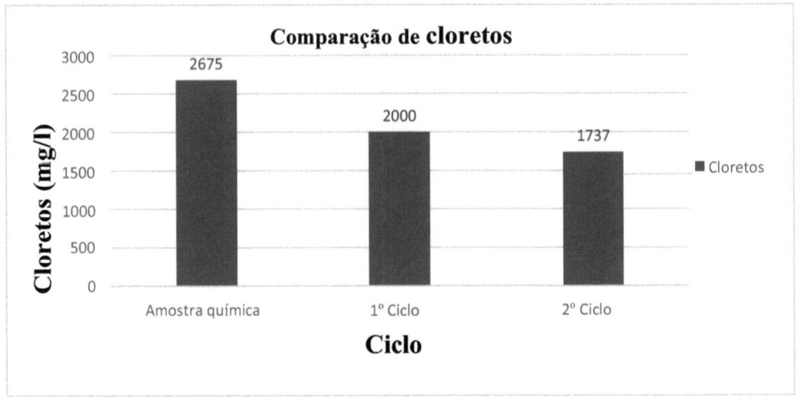

Figura 4.3.11: Comparação de cloretos

A partir dos resultados da tabela e do gráfico, observámos que a alteração dos cloretos utilizando agregado, carvão e bio sorventes (carvão ativado e bagaço de cana de açúcar) na filtração é de 2675 mg/l para a amostra química, 2000 mg/l no primeiro ciclo e 1737 mg/l no segundo ciclo.

➢ **Dureza**

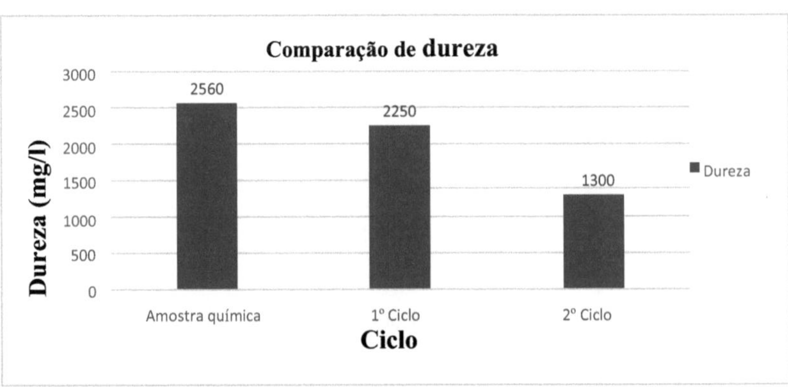

Figura 4.3.12: Comparação da Dureza

A partir dos resultados da tabela e do gráfico, observámos que a alteração da dureza com a utilização de agregado, carvão e bio sorventes (carvão ativado e bagaço de cana de açúcar) na filtração é de 2560 mg/l para a amostra química, 2250 mg/l no primeiro ciclo e 1300 mg/l no segundo ciclo.

➢ **TDS**

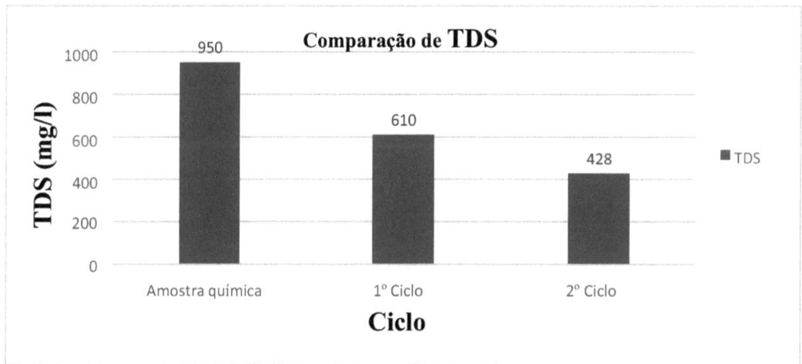

Figura 4.3.13: Comparação de TDS

A partir dos resultados da tabela e do gráfico, observámos que a alteração de TDS utilizando agregado, carvão e bio sorventes (carvão ativado e bagaço de cana de açúcar) na filtração é de 950 mg/l para a amostra química, 610 mg/l no primeiro ciclo e 428 mg/l no segundo ciclo.

recolha de amostras e processo de filtragem

Um dos principais poluentes da água são os sulfatos, os nitratos, o amoníaco e a dureza. Para remover estes parâmetros, estamos a utilizar alguma flora e alguns materiais sólidos que recolhemos de diferentes locais.

Para testar e remover os sulfatos, os nitratos, o amoníaco e a dureza, tivemos de recolher a água do local mencionado **INCHEM Laboratories Pvt. LTD.**

Filtragem de agregados:

As águas residuais são submetidas a uma filtração utilizando vários tamanhos de agregados grossos e finos num tanque de filtração com uma capacidade superior a 100 litros. A experiência utiliza métodos padronizados para avaliar o impacto do tamanho do agregado na remoção de sólidos suspensos e outras partículas.

O filtro de agregados foi concebido com diferentes tamanhos de agregados. A espessura do meio agregado é de cerca de 20 cm de altura e o diâmetro do meio agregado é de cerca de 60 cm.

: Filtragem por carvão vegetal:

Introduz uma camada de carvão ativado no fluxo de água, implementando condições controladas para avaliar as suas capacidades de adsorção e influência na qualidade da água. Os poluentes específicos visados nesta fase incluem compostos orgânicos e potenciais toxinas

O filtro de carvão vegetal foi concebido com diferentes tamanhos de carvão vegetal. A espessura do meio de carvão vegetal é de cerca de 20 cm de altura e o diâmetro do meio de carvão vegetal é de cerca de 60 cm. **4.3.3: Filtração com biossorvente:**

O foco passa para a esterilização utilizando bio sorventes derivados de pó de cascas de flores e frutos. A água é submetida a repetidos repatriamentos, misturada com uma solução de cascas de frutos e flores, agitada com a ajuda de um ventilador elétrico. Estes bio sorventes são escolhidos pela sua composição natural e pela sua potencial eficácia no combate aos contaminantes microbianos. Experiências controladas avaliam a eficácia dos bio sorventes na redução das cargas bacterianas e virais, contribuindo significativamente para a purificação global da água tratada. Esta fase alinha-se com o objetivo mais amplo de obter água microbiologicamente segura.

QUADRO -4.4

1º CICLO 1Kg de PÓ DE CASCA DE LARANJA E PÓ DE MARIGOLD E 2º ENSAIO DE GARRAFA DE CARBONO ACTIVADO

Lista de testes	Amostra química (mg/l)	1º Ciclo (mg/l)	2º Ciclo (mg/l)
PH	2.49	4.32	6
Turbidez	397 NTU	290 NTU	46,9 NTU
Condutividade	35,49 μS	35,24 μS	34,05 μS
Fluoretos	1.5	5 D	5 D
Amoníaco	1	3 D	3 D
Fosfato	0.5	0 D	0 D
Nitrato	5	3	3
Nitritos	0	0.3 D	0.3 D
Ferro	5	5 D	5 D
Sulfatos	101.76	64.9 D	44.16 D
Acidez	3950	1360 D	225 D
Alcalinidade	1500	190 D	100 D

Cloretos	2675 D	2648 D	2574 D
Dureza	2560 D	1600 D	520 D
TDS	950	260 D	225 D

- **pH**

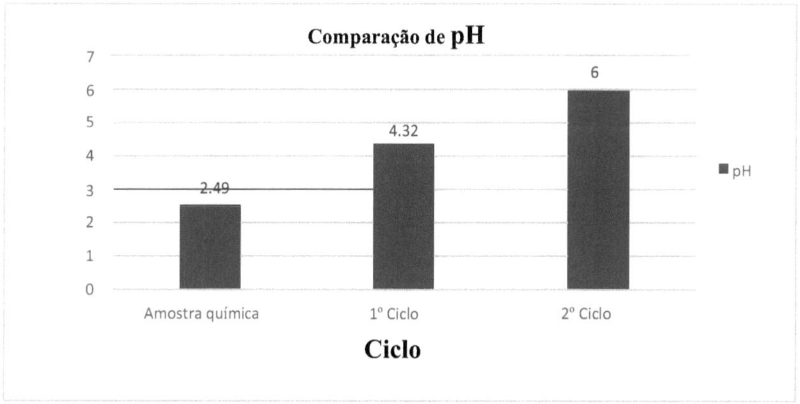

Figura 4.4.1: Comparação de pH

A partir dos resultados da tabela e do gráfico, observámos que a alteração do pH com a utilização de agregado, carvão e bio sorventes (casca de laranja e Mari gold) na filtração é de 2,49 para a amostra química, 4,32 no primeiro ciclo e 6 no segundo ciclo.

- **Turbidez**

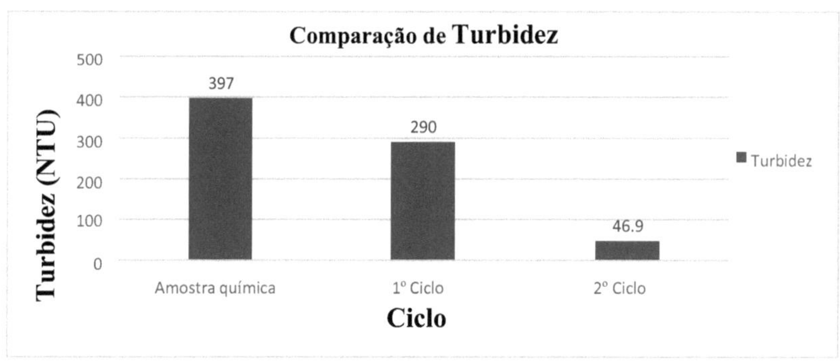

Figura 4.4.2: Comparação da Turbidez

A partir dos resultados da tabela e do gráfico, observámos que a alteração da turvação utilizando agregados, carvão e bio sorventes (casca de laranja e Mari gold) na filtração é de

397 NTU para a amostra química, 290 NTU no primeiro ciclo e 46,9 NTU no segundo ciclo.

➤ **Condutividade**

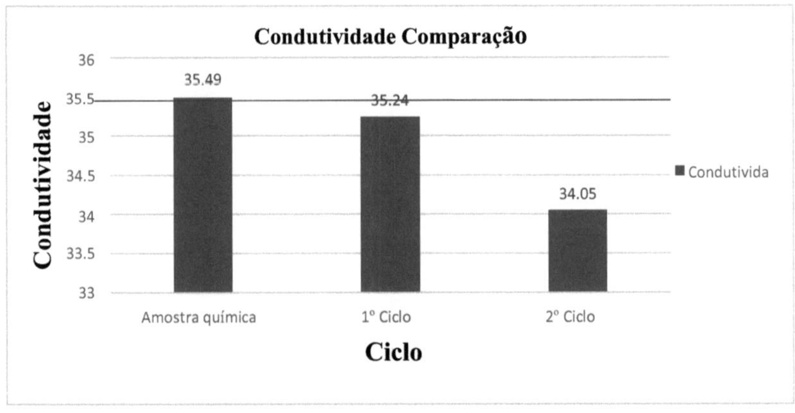

Figura 4.4.3: Comparação da condutividade

A partir dos resultados da tabela e do gráfico, observámos que a alteração dos fluoretos utilizando agregado, carvão e bio sorventes (casca de laranja e ouro Mari) na filtração é de 35,49 µS para a amostra química, 35,24 µS no primeiro ciclo e 34,05 µS no segundo ciclo.

> **Fluoretos**

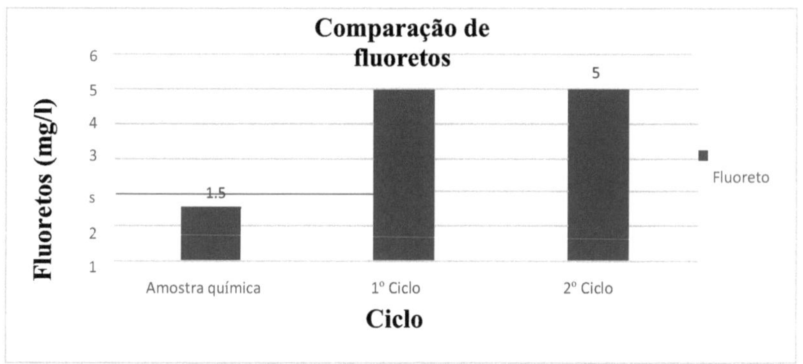

Figura 4.4.5: Comparação de fluoretos

A partir dos resultados da tabela e do gráfico, observámos que a alteração dos fluoretos com a utilização de agregado, carvão e bio sorventes (casca de laranja e ouro Mari) na filtração é de 1,5 mg/l para a amostra química, 5 mg/l no primeiro ciclo e 5 mg/l no segundo ciclo.

> **Amoníaco**

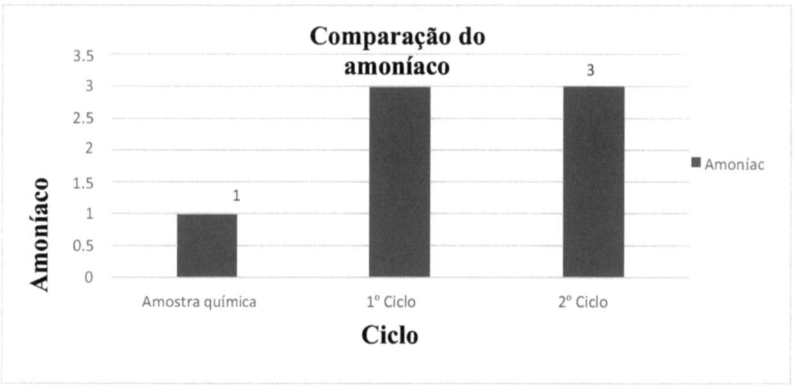

Figura 4.4.6: Comparação do amoníaco

A partir dos resultados da tabela e do gráfico, observámos que a alteração do amoníaco com a utilização de agregado, carvão e bio sorventes (casca de laranja e ouro Mari) na filtração é de 1 mg/l para a amostra química, 3 mg/l no primeiro ciclo e 3 mg/l no segundo ciclo.

➢ **Fosfato**

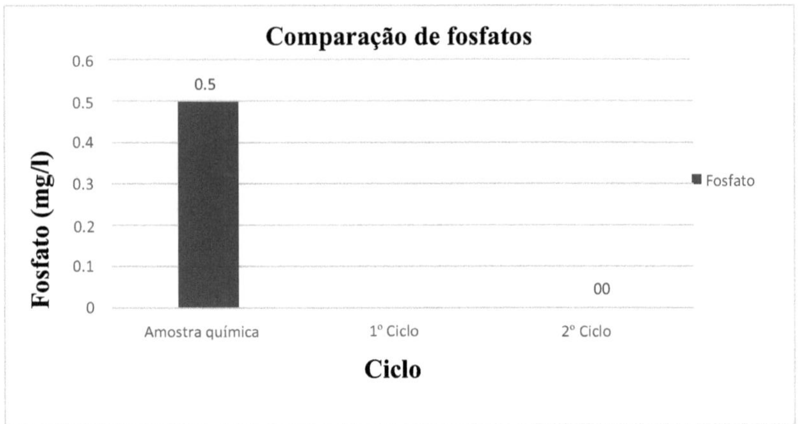

Figura 4.4.7: Comparação de fosfatos

A partir dos resultados da tabela e do gráfico, observámos que a alteração do fosfato utilizando agregado, carvão e bio sorventes (casca de laranja e Mari gold) na filtração é de 0,5 mg/l para a amostra química, 0 mg/l no primeiro ciclo e 0 mg/l no segundo ciclo.

➢ **Nitrato**

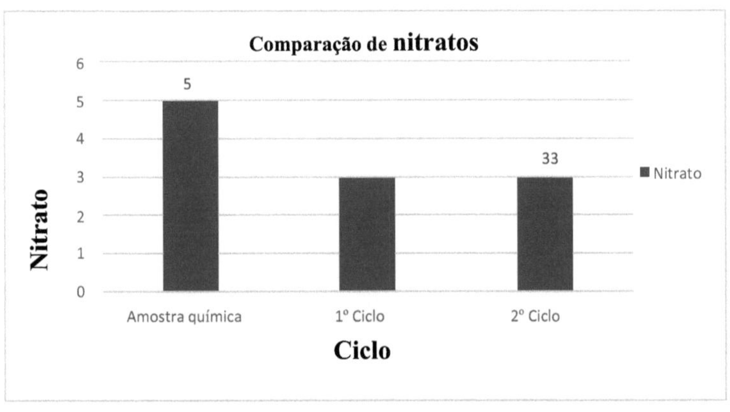

Figura 4.4.7: Comparação de nitratos

A partir dos resultados da tabela e do gráfico, observámos que a alteração do nitrato utilizando agregado, carvão e bio sorventes (casca de laranja e Mari gold) na filtração é de 5 mg/l para a amostra química, 3 mg/l no primeiro ciclo e 3 mg/l no segundo ciclo.

- **Nitrato**

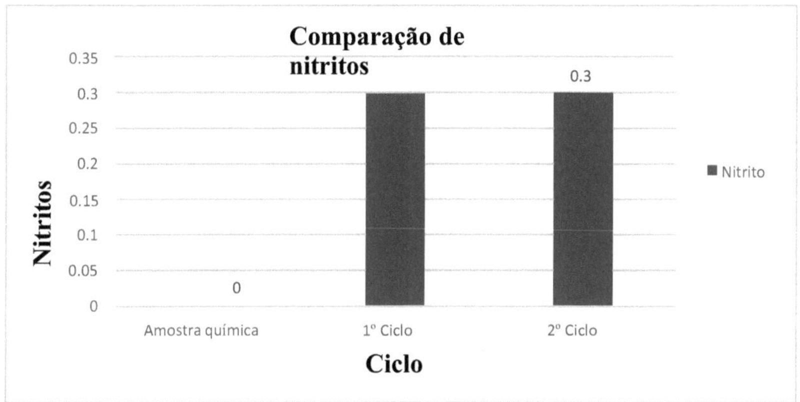

Figura 4.4.8: Comparação de nitritos

A partir dos resultados da tabela e do gráfico, observámos que a alteração dos nitritos com a utilização de agregados, carvão e bio sorventes (casca de laranja e Mari gold) na filtração é de 0 mg/l para a amostra química, 0,3 mg/l no primeiro ciclo e 0,3 mg/l no segundo ciclo.

- **Iron**

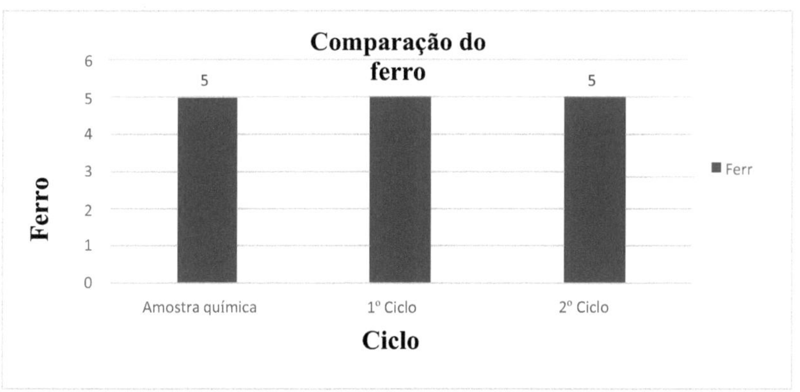

Figura 4.4.9: Comparação do ferro

A partir dos resultados da tabela e do gráfico, observámos que a alteração do ferro com a utilização de agregado, carvão e bio sorventes (casca de laranja e ouro Mari) na filtração é de 5 mg/l para a amostra química, 5 mg/l no primeiro ciclo e 5 mg/l no segundo ciclo.

➢ **Sulfatos**

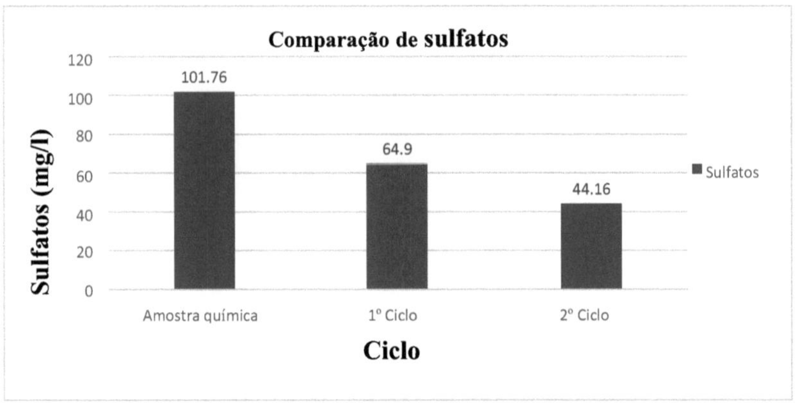

Figura 4.4.10: Comparação de sulfatos

A partir dos resultados da tabela e do gráfico, observámos que a alteração dos fluoretos com a utilização de agregado, carvão e bio sorventes (casca de laranja e ouro Mari) na filtração é de 101,76 mg/l para a amostra química, 64,9 mg/l no primeiro ciclo e 44,16 mg/l no segundo ciclo.

➢ **Acidez**

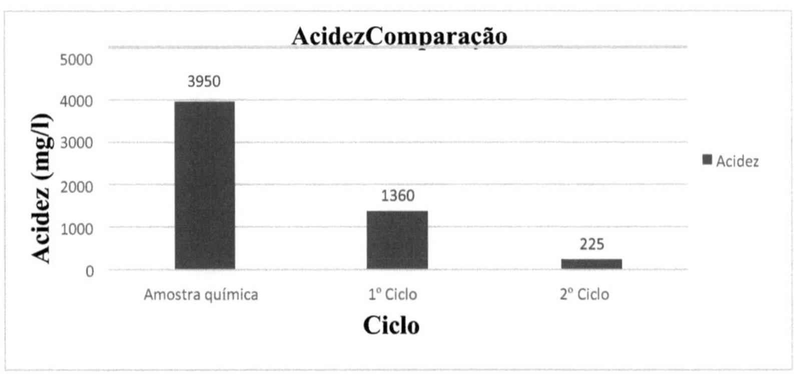

Figura 4.4.11: Comparação da acidez

A partir dos resultados da tabela e do gráfico, observámos que a alteração da acidez utilizando agregado, carvão e bio sorventes (casca de laranja e Mari gold) na filtração é de 3950 mg/l para a amostra química, 1360 mg/l no primeiro ciclo e 225 mg/l no segundo ciclo.

➤ **Alcalinidade**

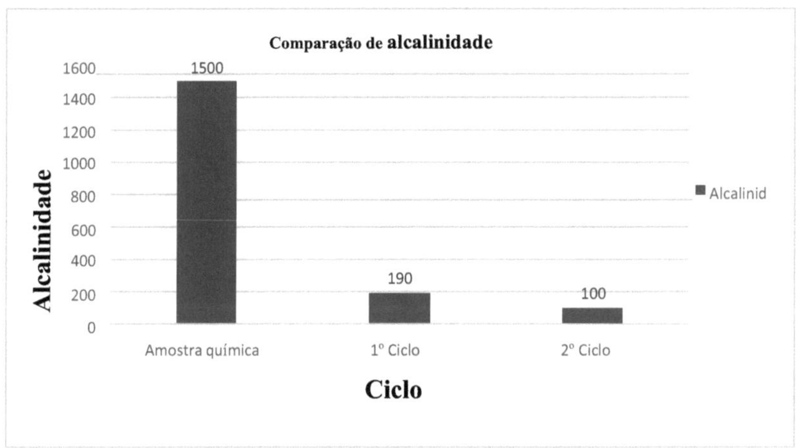

Figura 4.4.12: Comparação da alcalinidade

A partir dos resultados da tabela e do gráfico, observámos que a alteração dos fluoretos através da utilização de agregado, carvão e bio sorventes (casca de laranja e ouro Mari) na filtração é de 1500 mg/l para a amostra química, 190 mg/l no primeiro ciclo e 100 mg/l no segundo ciclo.

➤ **Cloretos**

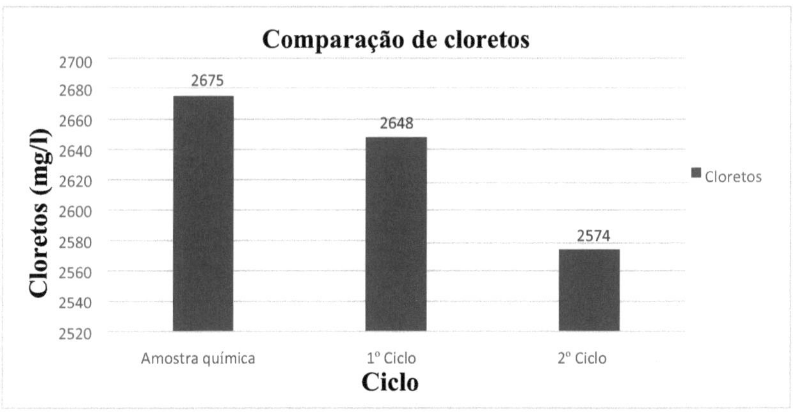

Figura 4.4.13: Comparação de cloretos

A partir dos resultados da tabela e do gráfico, observámos que a alteração dos cloretos utilizando agregado, carvão e bio sorventes (casca de laranja e Mari gold) na filtração é de 2675 mg/l para a amostra química, 2648 mg/l no primeiro ciclo e 2574 mg/l no segundo ciclo.

➢ **Dureza**

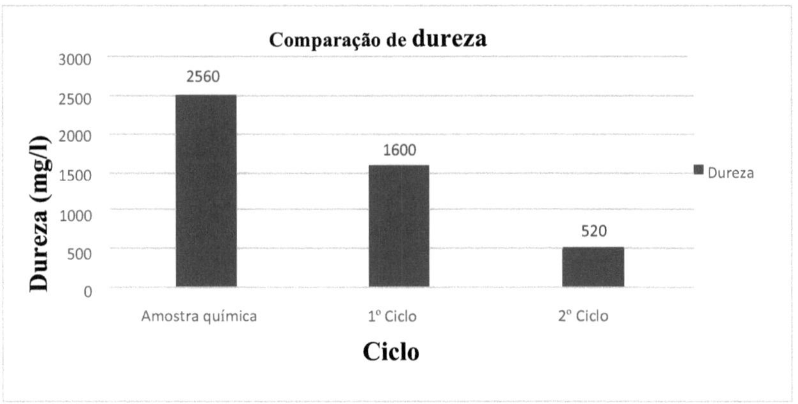

Figura 4.4.14: Comparação da dureza

A partir dos resultados da tabela e do gráfico, observámos que a alteração dos fluoretos através da utilização de agregado, carvão e bio sorventes (casca de laranja e ouro Mari) na filtração é de 2500 mg/l para a amostra química, 1600 mg/l no primeiro ciclo e 520 mg/l no segundo ciclo.

➢ **TDS**

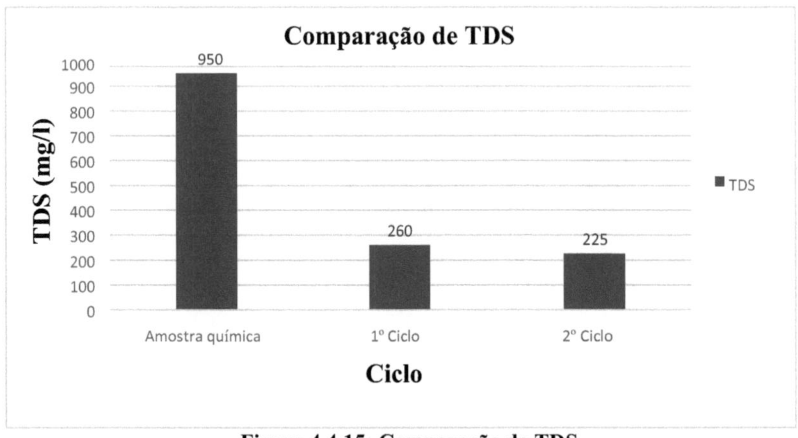

Figura 4.4.15: Comparação de TDS

A partir dos resultados da tabela e do gráfico, observámos que a alteração dos fluoretos através da utilização de agregados, carvão e bio sorventes (casca de laranja e ouro Mari) na filtração é de 950 mg/l para a amostra química, 260 mg/l no primeiro ciclo e 225 mg/l no segundo ciclo.

CAPÍTULO 5

CONCLUSÃO

As propriedades químicas da água e das águas residuais são uma preocupação séria na era da conservação e reutilização da água. São necessários métodos diferentes que sejam eficientes e de baixo custo. O método de titulação volumétrica é utilizado para conhecer os níveis de concentração dos parâmetros químicos.

Um processo de filtração de águas residuais em várias fases realça a sua eficácia, benefícios ambientais e potencial para uma aplicação mais alargada.

Em conclusão, a filtração de águas residuais em vários estágios representa uma solução formidável para os desafios prementes da poluição ambiental e da escassez de água. Através da sua conceção complexa e processos de tratamento sequenciais, remove eficazmente contaminantes, agentes patogénicos e poluentes, salvaguardando os recursos hídricos e os ecossistemas. A sua adaptabilidade e escalabilidade tornam-no adequado para diversos cenários, desde instalações industriais a estações de tratamento municipais. À medida que navegamos em direção a um futuro sustentável, o investimento na filtração em várias fases não só atenua a poluição, como também promove um ambiente mais saudável para as gerações vindouras.

Todos os resultados acima confirmaram a elevada poluição das fontes de água subterrânea e, por conseguinte, não são adequadas para consumo sem tratamento prévio. Com base nestes resultados, pode concluir-se que a calêndula, o bagaço de cana-de-açúcar e a casca de laranja são biomassas verdes e alternativas eficazes para a remoção de metais pesados de soluções aquosas, devido à sua boa capacidade de biossorção, à sua natureza renovável e de baixo custo. No futuro, é necessário mais trabalho para validar os mesmos resultados.

Além disso, o sistema de filtração em várias fases mostrou vantagens notáveis em relação aos métodos de fase única, proporcionando uma maior eficiência e capacidade de remoção. Ao combinar as propriedades de sorção complementares de diferentes biossorventes, conseguimos obter efeitos sinérgicos que resultaram num desempenho superior de remoção de contaminantes. Esta abordagem não só melhora a eficiência global do tratamento, como também oferece versatilidade no tratamento de uma vasta gama de contaminantes normalmente encontrados em fluxos de águas residuais.

Além disso, a utilização de biossorventes oferece vários benefícios ambientais, incluindo a biodegradabilidade, a capacidade de renovação e o baixo custo, tornando-os alternativas atractivas aos métodos de tratamento convencionais. Além disso, o potencial de reutilização e regeneração dos biossorventes contribui ainda mais para a sua sustentabilidade e viabilidade económica.

À medida que avançamos, justifica-se mais investigação para otimizar a conceção e o funcionamento dos sistemas de filtração em várias fases, tendo em conta factores como a regeneração do biossorvente, a viabilidade do aumento de escala e a avaliação do desempenho a longo prazo. Além disso, a avaliação dos impactos ambientais e a exploração das potenciais sinergias com outras tecnologias de tratamento podem fornecer informações valiosas para a implementação prática destes sistemas numa escala maior.

Em conclusão, os resultados deste estudo contribuem para o crescente corpo de conhecimentos sobre práticas sustentáveis de tratamento de águas residuais e sublinham o potencial da filtração em várias fases com biossorventes como uma solução promissora para mitigar a poluição da água e garantir o acesso a recursos hídricos limpos.

CAPÍTULO-6

MARGEM PARA O FUTURO

A determinação e remoção de parâmetros químicos da água utilizando o processo de filtração e técnicas de biossorção é o objetivo desta atividade de estudo que está agora a ser realizada. O objetivo final destas experiências é conceber um método infalível para a remoção de parâmetros químicos da água ou de águas residuais, utilizando bio sorventes potentes como o bagaço de cana, a calêndula e o pó de casca de laranja. A biossorção de parâmetros químicos de águas poluídas é bastante promissora devido à sua compatibilidade com o ambiente natural e ao seu baixo custo. Para obter os valores experimentais que podem ser utilizados para a conceção de uma estação de tratamento no terreno, é possível utilizar as muitas experiências diferentes que são realizadas no laboratório. Os actuais ciclos de filtração e a quantidade de bio sorventes utilizados para cada tipo de bio sorvente. Uma vez que os materiais biossorventes estão mais facilmente disponíveis e são mais baratos, a avaliação da capacidade dos biossorventes para remover parâmetros químicos da água é de relevância mundial, o que pode ser considerado uma potencial área de interesse futuro.

REFERÊNCIAS

1. V. Parimala, K.K. Krishnani, B.P. Gupta, M. Jayanthi, M. Abra- ham, Fitorremediação de crómio da água do mar utilizando cinco produtos diferentes da casca de coco. Bull. Environ. Contam. Toxicol. 73, 31-37 (2004)
2. M. Suneetha, K. Ravindhranath, Removal of nitrates from polluted waters using bio-adsorbents. Int. J. Life Sci. Biotechnol. Pharm. Res. 1(3), 151-160 (2012)
3. C.A. Reddy, N. Prashanthi, P. Hari Babu, J.S. Mahale, Banana peel as a biosorbent in removal of nitrate from water. Int. Adv. Res. J. Sci. Eng. Technol. 2(10), 94-98 (2015)
4. V. Suneetha, K. Ravindhranath, Remoção de amoníaco de águas poluídas utilizando biossorventes derivados de pós de folhas, caules ou cascas de algumas plantas. Der Pharma Chemica 4(1), 214- 227 (2012)
5. N. Basci, E. Kocadagistan, B. Kocadagistan, Biosorção de cobre (II) de soluções aquosas por casca de trigo. Dessalinização 164, 135-140 (2004)
6. G.T.N. Veerendra, B. Kumaravel, P. Kodanda Rama Rao, S. Dey, A.V. Phani Manoj, Forecasting models for surface water qual ity using predictive analytics. Environ. Dev. Sustentar 23(8), 1-21 (2023)
7. M. Akhtar et al., Sorption potential of rice husk for the removal of 2. 4-dichlorophenol from aqueous solutions: Investigações cinéticas e termo-dinâmicas. J. Hazard. Mater. 128(1), 44-52 (2006)
8. Y. Ma, WJ. Liu, N. Zhang, Y.S. Li. H. Jiang, G.P. Sheng, adsorvente de biochar modificado com polietileno ylenimina para remoção de crómio hexavalente da solução aquosa. Bioresour. Technol. 169. 403-408 (2014)
9. H. Huang, X. Xiao, B. Yan. L. Yang, Remoção de amónio de soluções aquosas utilizando zeólito natural chinês (Chende) como adsorvente. J. Hazard. Mater. 175. 247-252 (2010)
10. U. Farooq, M.A. Khan, M. Athar, J.A. Kozinski, Effect of modi- fication of environmentally friendly biosorbent wheat (Triticum aestivum) on the biosorptive removal of cadmium (II) ions from aqueous solution. Chem. Eng. J. 171, 400-410 (2011)
11. C. Karbiyik, M. Kilic, O. Cepelioğullar, A.E. Putun, Uso de biomassa de sesamestalks para a remoção de Ni (II) e Zn (II) de soluções aquosas. Water Sci Tech 66(2), 231-238 (2012)
12. Azam, F. e Ifzal, M. (2006): Microbial populations immobilizing NH4 + - N and NO3 - -N differ in the sensitivity to sodium chloride salinity in soil, Soil Biology and Biochemistry,

38(8):2491 - 2494.

13.Cleserl S. L., Greenberg E. A., Eaton D.A. (1999): Standard Methods for Examination of Water and Wastewater, American Public Health Association, 20th Edn.

14. Muller, M. (2000): Efeitos da inibição do transporte de cloreto e da substituição de cloreto na função neuronal e na propagação hipóxica - depressão - como despolarização em fatias de hipocampo de taxa. Neuroscience; 97(1):33 - 45

15. Wesson, L.G. (1969): Physiology of the human kidney, Grune and Stratton, pp 591.

16. Gabinete Regional da OMS para a Europa, Sodium, Chlorides, and Conductivity in drinking water: a report on the WHO working group, Copenhaga (EURO Reports and Studies 2).

17. Taha, M.,F., Kiat, C.,F., Shaharun, M.,S., Raml, A.,(2011), Removal of Ni(II), Zn(II) and Pb(II) ions from Single Metal Aqueous Solution using Activated Carbon Prepared from Rice Husk, World Academy of Science, Engineering and Technology 60.

18. Tarley, C.,R.,T., Arruda, M.,A.,Z., (2004), Biosorption of heavy metals using rice milling by products. Caracterização e aplicação na remoção de metais de efluentes aquosos, Chemosphere 54, 987-995.

19. Williams, P. T.; Nugranad, N., (2000), Comparison of products from the pyrolysis and catalytic pyrolysis of rice husks, Energy 2000, 25, 493.

20. Wong, K.K., Lee, C.K., Low, K.S., Haron, M.J., (2003), Removal of Cu and Pb by tartaric acid modified rice husk from aqueous solutions, Chemosphere 50 , 23-28.

21. Ye, H., Zhang, L., Zhang, B., Wu, G., Du, D., (2012), Adsorptive removal of Cu(II) from aqueous solution using modified rice husk, International Journal of Engineering Research and Applications (IJERA), Vol. 2, Issue 2, pp.855- 863Ferhan C. and Ozgur A., 2011, Activated Carbon for Water and Wastewater treatment: Integration of Adsorption and Biological Treatment, First Edition, WILEY-VCH Verlag GmbH & Co. KGaA, Weinheim.

22. Prasun k Roy, Ashok S Rawt, Veena Choudhary e Pramod K Rai "Removal of heavy matel Ions using polydithiocarbamate resin supported on Polystyrene "January 2004,Indian Journal of Chemical Technology volume II page no.518.

23. Cotruvo JA et al. (2010) Desalination technology: health and environmental impacts. Boca Raton, FL, CRC Press.

24. Leurs LJ et al. (2010) Relação entre a dureza da água da torneira, o magnésio e a concentração de cálcio e a mortalidade devido a doença cardíaca isquémica ou acidente vascular cerebral nos Países Baixos. Environmental Health Perspectives, 118(3):414-420.

25. National Research Council (1977) Drinking water and health. Washington, DC, Academia Nacional de Ciências.
26. McGowan W (2000) Water processing: residential, commercial, light-industrial, 3rd ed., Lisle, IL. Lisle, IL, Water Quality Association.
27. Water Review, Relatório do Consumidor. Uma publicação da Qualidade da Água; Conselho de Investigação da Coreia do Sul: Chungcheongnam-do, Coreia, 1990; Volume 5
28. Lopez-Cortes A., Ochoa J.L., 1999, em: A. Dabrowski (Ed.), Adsorption and its Applications in Industry and Environmental Protection, vol. 120B, Elsevier, Amsterdam, p. 903.
29. Vigneswaran H., Moon H., em: A. Dabrowski (Ed.), Adsorption and its Applications in Industry and Environmental Protection, vol. 120B, Elsevier, Amsterdam, 1999, p. 533.
30. Weast RC, ed. CRC handbook of chemistry and physics, 67th ed. Boca Raton, FL, CRC Press, 1986.

Printed by Books on Demand GmbH, Norderstedt / Germany